寿光古树名木资源

潘广昌　苏继祥　主编

山东大学出版社
SHANDONG UNIVERSITY PRESS
·济南·

图书在版编目（CIP）数据

寿光古树名木资源 / 潘广昌，苏继祥主编．-- 济南：
山东大学出版社，2024. 8. -- ISBN 978-7-5607-8398-7

Ⅰ．S717.252.4

中国国家版本馆 CIP 数据核字第 2024GH7026 号

策划编辑　唐　棣
责任编辑　唐　棣
封面设计　王秋忆

寿光古树名木资源
SHOUGUANG GUSHU MINGMU ZIYUAN

出版发行　山东大学出版社
社　　址　山东省济南市山大南路 20 号
邮政编码　250100
发行热线　（0531）88363008
经　　销　新华书店
印　　刷　济南巨丰印刷有限公司
规　　格　787 毫米 ×1092 毫米　1/16
　　　　　13.25 印张　300 千字
版　　次　2024 年 8 月第 1 版
印　　次　2024 年 8 月第 1 次印刷
定　　价　120.00 元

《寿光古树名木资源》编辑委员会

前言

寿光市位于山东半岛中部，渤海莱州湾南畔。总面积2072平方公里，海岸线长56公里，现辖9个镇、5个街道办事处、1个经济发展中心、968个行政村（居委会），人口111万，是“中国蔬菜之乡”。先后获得“国家生态园林城市”“中国人居环境奖”“国家卫生城市”“国家节水型城市”“国家环保模范城市”“中国优秀旅游城市”“全国文明城市”等荣誉称号。

寿光矿产主要有石油、卤水等液态矿床和河沙。寿光大地是一个自南向北缓慢降低的平原区，海拔最高点在孙家集镇三元朱村东南角埠顶处，高程49.5 m；最低点在羊口镇的港口附近，高程1 m。南北相对高差48.5 m，水平距离60公里。河流和地表径流自西南向东北流动，形成大平小平的微地貌差异。土壤类型多为褐土和潮褐土、多发育湿潮土，部分低洼地区为砂姜黑土，滨海浅平洼地土壤为滨海盐土和滨海潮盐土。全年主导风向为南偏东南风，冻土出现在10月至次年4月，土壤浅层地温变化与气温变化大致相似，属暖温带大陆性季风气候。历年平均降水量593.8 mm。

主要景点有寿光蔬菜高科技示范园、寿光林海生态博览园、弥河生态观光园（寿光市植物公园)、寿光巨淀湖风景区、中国特色经济村三元朱村、仓圣公园、盐化工业旅游区等。历史名人主要有仓颉、公孙弘、徐干、朱岱林、王猛、王镇恶、任防、贾思伯、贾思同、贾思勰、魏琯、姚堂、魏塾、李莪华、张玉山、李植庭、马保三、王云生、陈少敏等。主要旅游节日有中国（寿光）国际蔬菜科技博览会、荷花节、羊口祭海节等。

寿光在中国远古文明史上具有重要意义。她是中华民族三大组成部分东夷族最东端且是主要代表部分的中心居地，是中华“五帝”之一少昊族的主要发源地。秦始皇称帝5年后即始东巡，所修驰道即从今寿光北部平坦处向东，并在北境海边筑台观海。汉武帝亦沿此道东巡，并在今寿光北部巨淀湖畔试耕。寿光为县最早见于史载是汉景帝中元二年（公元前148年）关于北海郡的记载。境内现已发现北辛、大汶口、龙山等古文化遗迹150多处，史传汉字鼻祖仓颉在此始创了象形文字，世界第一部农学专著《齐民要术》在这里字句成章。寿光以北地区是中国历史上，也是世界历史上最早的盐产区和盐文化发祥地。2003年至2005年，山东省文化厅组织考古队对寿光北部双王城水库工程范围内进行考古勘探时，发现了商周时期的盐业生产遗址39处和烧制盔形器的陶窖群。寿光市在夏朝属斟灌国，商朝是逢伯陵的封域，西周属纪国，春秋战国时期属齐国。秦朝废封建置郡县，寿光地为剧县、益县，属齐郡。西汉，公元前148年（汉景帝中元二年），置寿光县，属青州刺史部北海郡管辖，自此史书始见“寿光县”之名。解放战争时期及中华人民共和国成立初期，今寿光县境分为寿光县、寿南县，还有益寿县的一部分。1953年8月，寿南县并于寿光县，1993年寿光县撤县设市。

寿光市地处齐鲁故地，历史悠久，文化发达，拥有种类丰富、数量可观的古树名木。在近几年创建“国家生态园林城市”活动中，古树名木保护工作得到了空前的重视。古树名木是自然和历史留给我们的宝贵财富，是中华民族悠久历史与文化的象征，是绿色文物、活的化石，是自然界和前人留给我们的无价珍宝。古树名木不仅具有绿化价值，而且是有生命力的“绿色古董”，它历经数百年甚至千年沧桑，仍枝繁叶茂，长盛不衰，往往伴有优美的传说和奇妙的故事，见证着中华民族的古老文明。许多古树名木不仅具有很高的观赏价值和文化价值，还蕴藏着历史与自然故事，从一个侧面反映并记录着历史变迁，形成了独特的自然、人文资源。同时，古树对研究千百年来的气候、水土、空气等自然变化有着重要的史料价值，是十分珍贵的“绿色文物”。寿光市政府深刻认识到保护古树名木的重要性，采取了切实可行的养护管理措施保护古树名木。寿光市人民政府先后下发了《寿光市古树名木保护管理暂行办法》和《关于加强古树名木保护的通知》，以加大对古树名木的保护力度，自2001年以来，相关业务部门对古树名木进行了多次普查，并且每年都对辖区内的在册古树名木进行日常督查。上述措施的落实，促进了古树名木保护管理工作的开展。我们根据全市古树名木调查资料，撰写了反映树木人文历史、生长状况、自然状况等方面的介绍文字，并选择有代表性的古树名木照片编辑成册，以便加强管理、留档备查，促进古树名木保护工作的健康持续发展。基于资源类调查，本书编写过程中对部分历史传说做了辩证采用，减少了部分文化属性，相应增强了专业属性，在此一并说明。本书在收集资料和编写过程中，得到了古树名木所在地的街道、乡镇政府及古树名木权属人的支持和帮助，现借本书问世之际，谨表诚挚的谢意！当然，本书仍难免存有疏漏之处，敬请专家、读者及知情者赐教、斧正。

潘广昌　苏继祥

2024年7月

目 录 / CONTENTS

寿光古树名木认定建档工作概况

根据《山东省绿化委员会办公室关于开展古树名木认定建档工作的通知》（鲁绿化办〔2021〕7号）有关要求，全面落实《山东省古树名木保护办法》，开展了寿光市古树名木认定建档工作。省绿化委员会办公室统一组织协调，省林草种质资源中心负责组织，寿光市自然资源和规划局、镇街相关技术人员具体实施。认定建档工作参照《古树名木鉴定规范》（LY/T 2373—2016）、《古树名木普查技术规范》（LY/T 2738—2016）、《古树名木代码与条码》（LY/T 1664—2006）等相关标准执行。

所称“古树”，是指树龄在100年以上的树木。“名木”，是指稀有、珍贵树木或者具有重要历史、文化、科学研究价值和纪念意义的树木。一级古树是指树龄在500年以上的古树，二级古树是指树龄在300年以上、499年以下的古树，三级古树是指树龄在100年以上、299年以下的古树。此次调查由测绘工程人员对每株古树名木的坐标位置进行了勘测定位，对树高、胸围、胸径、地围、地径、干高、冠幅、裸根进行了测量，对分布情况进行了考察，目测了冠型、干型、生长势；对树种、位置、长势、形状、立地条件、权属、管护责任单位或个人进行了全面划分、记录；对树龄、树高、胸围、冠幅等定量因了尽量降低误差率；根据有关的历史传说、名人轶事以及保护工作中收集的问题和建议，做到具体、详细、准确记录。

一、古树名木分布及现状

寿光市境内古树多分布在各乡镇、街道自然村及单位庭院内。主要树种有银杏（*Ginkgo biloba* L.）、侧柏［*Platycladus orientalis* (L.) Franco］、文冠果（*Xanthoceras sorbifolia* Bunge）、皂角（*Gleditsia sinensis* Lam.）、国槐（*Sophora japonica* L.）、枣树（*Zizyphus jujuba* Mill.）、紫藤［*Wisteria sinensis*（Sims）Sweet］等，调查214株，经评审认定166株，分为5科7属。其中国槐152株、枣树6株、侧柏4株、银杏1株、文冠果1株、皂角1株、紫藤1株，按保护等级分为一级古树6株、二级古树12株、三级古树148株，树种以国槐数量最多。

二、古树名木实地调查情况

通过近几年对古树名木保护工作的大力宣传，古树名木所在地的街道、乡镇政府及古树名木权属人对古树名木的保护意识有了很大提高。国槐作为乡土树种，在寿光市分布很广，具有广泛的适用性、顽强的再生性，许多古树就生长在墙边、道旁，甚至穿墙而过，虽遭雷击、火烧、风折，失去了部分主干或树冠，但仍顽强生长，历经百年甚至千年，仍生长旺盛。

有些古树历经历史沉淀、风雨冲蚀，树根裸露，宛若龙盘。生长在孙家集街道张家寨子村银杏公园内的银杏（37078300003），距今有600余年，树干通直，树高30 m，胸围500 cm，外部分布九大裸根，瘤状突起明显，最长延伸达4 m之多。该树虽历经沧桑，但枝干保存完整，生长茂盛，宛若一把撑开的巨大绿伞。抗日战争时期，国民党保安第十五旅兵工厂以制造武器为名锯掉两根大枝，并意图锯掉整棵大树，后经多方努力，并经村民筹款筹木交换，大树得以保存。有些古树是借其吉祥谐音，成为吉祥树而加以保护，如生长在圣城街道岳家庄南北街上的槐树，在树干中空处，生一梧桐，所以又名“怀抱童子”。寿光还有遇大事栽树之习俗，成为历史见证，并有族谱、碑刻等详细记载，据李氏族谱记载，生长在田柳镇阎家庄子村的古槐为明朝隆庆二年（公元1568年）所栽；生长在田柳镇常家庄村小学院内的古槐（37078300018）为明朝万历六年（公元1578年）建碑时所栽，有碑文记载。

寿光市政府高度重视古树名木保护工作，积极落实经费、协调组织，明确古树名木管护主体，做到全覆盖、不遗漏。这次认定建档工作严格执行相应国家行业标准，规范登记造册，全省统一了编号及保护标志牌式样，建立健全了古树名木图文档案和电子信息数据库，为实现古树名木“一树一档”“一树一策”精准化管理奠定了基础。

寿光古树名木树种介绍

一、银杏 *Ginkgo biloba* L.

银杏别名“白果树”“公孙树”，银杏科银杏属。

主要形态特征：落叶高大乔木，幼树树皮近平滑，浅灰色，大树之皮灰褐色，不规则纵裂，具顶生营养性长枝和侧生生殖性短枝。叶互生，在长枝上辐射状散生，有细长的叶柄；折扇形，先端常2裂，具多数叉状并放射细脉。雌雄异株，球花单生于短枝的叶腋；雄球花成葇荑花序状，雌球花有长梗，梗端常分两叉，叉端生一具有盘状珠托的胚珠。种子核果状，假种皮肉质，被白粉，成熟时淡黄色或橙黄色。

生态习性：银杏寿命长，适宜生长土壤为黄壤或黄棕壤，pH值 5～6，喜光，耐寒，耐干旱，不耐涝。一般3月下旬至4月上旬萌动展叶，4月上旬至中旬开花，9月下旬至10月上旬种子成熟，10月下旬至11月落叶。常用播种、萌蘖、扦插繁殖。

寿光市现有银杏古树1株，位于孙家集街道张家寨子村。

二、国槐 *Sophora japonica* L.

国槐为豆科槐属。

主要形态特征：落叶乔木，高达25 m；树冠圆形或倒卵形，树皮灰黑色，浅裂，小枝绿色，幼时具短毛，老时有白色皮孔。奇数羽状复叶，互生，长15～25 cm，小叶7～17枚，对生或近对生，卵状椭圆形，长2.5～5 cm，全缘。花黄白色，雄蕊10，离生；顶生圆锥花序；7～8月开花。荚果在种子间缢缩呈念珠状。

生态习性：原产于我国北部，在黄土高原及华北平原栽培最为普遍；日本、朝鲜也有分布。喜光，耐寒；稍耐阴，深根性。对土壤要求不严，较耐瘠薄，石灰及轻度盐碱地也能正常生长。

寿光市现有国槐古树152株，各镇街均有分布，其中树龄最长的一株位于圣城街道槐香园公园。

三、侧柏 *Platycladus orientalis* (L.) Franco

侧柏为柏科侧柏属。

主要形态特征：常绿乔木，树高一般达20 m，幼树树冠卵状尖塔形，老时广圆形。干皮淡灰褐色，条片状纵裂。小枝排成平面，两面同型。叶鳞片状，先端微钝，对生，两面均为绿色，叶二型，中央叶倒卵状菱形，背面有腺槽，两侧叶船形，中央叶与两侧叶交互对生。雌雄同株异花，雌雄花均单生于枝顶。球果阔卵形，近熟时蓝绿色被白粉，果鳞木质而厚，先端反曲；种子灰褐色，无翅。花期3～4月，种熟期9～10月。

生态习性：原产于我国北部，现南北各地普遍栽培，庭院、寺庙、风景区尤为常见。喜光，耐干旱瘠薄、不耐水涝、耐高温，浅根性，萌芽性强，侧根发达。主要以种子繁育为主，也可扦插或嫁接。

寿光市现有侧柏古树4株，位于圣城街道南胡村（2株）、古城街道戴家村（2株）。

四、皂荚 *Gleditsia sinensis* Lam.

皂荚别名“皂角”，豆科皂荚属。

主要形态特征：落叶乔木，高达20～30 m。枝灰色至深褐色，树干或大枝具分枝圆刺，刺粗壮，圆柱形，常分枝，多呈圆锥状。一回偶数羽状复叶，小叶3～9对，卵状椭圆形，长3～10 cm，先端钝，缘有细钝齿，上面被短柔毛，下面中脉上稍被柔毛；网脉明显，在两面凸起。总状花序腋生，花杂性，黄白色。荚果带状，直而扁平，果肉较肥厚，长12～30 cm。种子卵圆形，红棕色。花期3～5月，果期5～12月。

生态习性：我国黄河流域及其以南各地均有栽培。喜光，较耐寒，喜深厚、湿润而肥沃的土壤；深根性，寿命长。对土壤要求不严，在石灰质及盐碱甚至黏土或沙土上均能正常生长。

寿光市现有皂荚古树1株，位于孙家集街道汤家庄村。

五、枣树 *Zizyphus jujuba* Mill.

枣树为鼠李科枣属。

主要形态特征：落叶乔木或小乔木，高达10 m。枝常有托叶刺，一枚长而直伸，另一枚短而向后勾曲。当年生枝常簇生于矩状短枝上，冬季脱落。单叶互生，卵形至卵状长椭圆形，长3～6 cm，缘有细钝齿，基部3出脉。花小，两性，黄绿色，5基数；2～3朵簇生叶腋；5～6月开花。核果卵形，长

2～4 cm，熟后暗红色，味甜，核两端尖；8～9月果熟。

生态习性：中国至欧洲东南部均有栽培。喜光，适应性强，耐干旱瘠薄；根萌蘖性强。

寿光市现有枣古树6株，位于洛城街道留吕村（1株）、孙家集街道边线王村（1株）、化龙镇三合村（1株）、田柳镇邢姚一村（2株）、台头镇三座楼村（1株）。

六、文冠果（文冠树）*Xanthoceras sorbifolia* Bunge

文冠果为无患子科文冠果属。

主要形态特征：落叶灌木或小乔木，高达3～8 m。树皮灰褐色，粗糙条裂；小枝幼时紫褐色，有毛，后脱落。羽状复叶互生，小叶9～19，长椭圆形或披针形，长2～6 cm，缘有锐齿。顶生总状或圆锥花序，长约20 cm。花杂性，整齐；花瓣5，白色，缘有皱波，基部有黄紫晕斑。蒴果椭圆形，具有木质厚壁，顶端多为三裂，似文冠，故命名为“文冠果”。

生态习性：我国特有的树种，原产于我国北部干旱寒冷地区。喜光，也耐半阴；耐严寒和干旱，不耐涝；对土壤要求不严，在沙荒、石砾地、黏土及轻盐碱地上均能生长。深根性，主根发达，萌蘖力强。

寿光市现有文冠果古树1株，位于文家街道北付村。

七、紫藤 *Wisteria sinensis*（Sims）Sweet

紫藤为豆科紫藤属。

主要形态特征：落叶缠绕大藤本植物，干皮深灰色，不裂，茎左旋性，长达18～40 m。嫩枝暗黄绿色密被柔毛。一回奇数羽状复叶互生，先端渐尖，基部圆或宽楔形，幼时两面密被平伏柔毛，老叶近无毛。侧生总状花序，呈下垂状，总花梗、小花梗及花萼密被柔毛；花蝶形，堇紫色，芳香，4～5月叶前开放或花叶同放。荚果长条形，密生黄色绒毛。10月果熟。

生态习性：紫藤适应能力强，喜阳略耐阴，耐热、耐寒，我国南北各地均有栽培，对气候及土壤的适应性强。可用播种、扦插、压条、分株、嫁接等方法繁殖。

寿光市现有紫藤古树1株，位于洛城街道清河熙华园小区。

寿光古树名木分布及现状

一级古树名木

37078300001国槐

国槐 *Sophora japonica* L.，豆科，槐属。树龄约1000年。

现位于市区槐香园公园，东经118° 75'，北纬36° 88'。原有唐代书法家褚遂良书写古槐六棱碑一块，据传唐碑载有“张飞勒马看古槐”；同时，还有“先有老槐树，后有寿光城”之说。西汉景帝中元二年（公元前148年）以“寿光”命名置县。

该树树干中空，多处有树瘤、树洞、开裂，虽饱经风霜，犹古老苍劲，经过历年来的培土保护，基部距地面1.3 m，主干自东北向西南方向弯曲生长，实为古槐一大主枝：基径112 cm，基部围径300 cm，胸径114 cm，胸围357 cm。主枝并生五枝：一枝于主枝3.2 m处向南生长；一枝于主枝6 m处直立生长，该枝又分五枝，形成了一个圆球形树冠，覆盖于原树冠之上，该冠幅约7.6 m，生长旺盛；于主枝7.4 m处生一枝，向西下垂生长；于主枝7.8 m处又生二枝。另一主枝向西北方向伸展，现该枝已干枯无皮。

1983年春，县人民政府拨款千元，绕树修一多角形围墙加以保护。2002年，投资50万元建设以古槐为主题的槐香园，并用汉白玉石栏环围；园内种植多品种槐树，如蝴蝶槐、黄金槐等。2003年对该树进行了加固和支撑。

古槐如虬龙怒盘，苍枝劲健，生长不衰，已定为市级重点保护古树，1991年编入寿光县志。

37078300002国槐

国槐 *Sophora japonica* L.，豆科，槐属。树龄约500年。

现位于文家街道王端宇村西南空地，东经118° 66'，北纬36° 89'。干形通直，中空，形成树洞，在洞内西北角生出一根入地，树皮深褐色，树干顶部向北面隆起，隆起部位有一树洞，树干南侧无皮、开裂，呈锥状裂向东南斜下方，加上头部两个主枝，形状如“兔耳”。树干东南方向也有一树洞，自上而下裂口逐渐变小。树高18 m，胸围420 cm，平均冠幅13 m。该树上分三大主枝：第一枝向西北斜上生长，该枝又分五枝，向四周交错生长；第二枝向西斜上生长，该枝又分五枝，向四周交错生长；第三枝向西南平行伸展。树冠状如圆球，顶部树枝干枯，中部树冠生长茂盛。

2003年，村里修路时，村委会特意拨款给这棵树建了围池，又在树下设了乘凉的石凳。村民介绍，修了路后大家经常到树荫下的石凳上乘凉、聊天，与老槐树的感情越发密切。几年前，几个村民商量这棵树长势很好，尤其是特别高，槐树本就有长寿、吉祥的寓意，可以借为古槐祝寿，祈求子孙平安。大伙都很赞同，于是选定“黄道吉日”农历三月二十六作为老槐树的生日。

37078300003银杏

银杏 *Ginkgo biloba* L.，银杏科，银杏属。树龄约600年。

该树位于孙家集街道张家寨子村银杏公园内，四周用花池保护，东经118° 67'，北纬36° 81'。树干通直，树皮灰褐色，树高30 m，胸围500 cm，胸径164 cm，干高约5 m，东西冠幅32 m、南北冠幅29.5 m，平均冠幅30 m。干5 m处上分五大主枝：主枝均匀分布，第一枝向东北斜上生长，在主枝上又分五枝，分别向北、东北方向生长；第二枝向东北斜上生长，该枝又分三枝；第三枝向东斜上生长，该枝又分五枝，主要向东侧生长；第四枝向东南方向斜上生长，该枝又分两枝，均偏向东南；第五枝向南斜上生长，该枝又分四枝，分别向南和西南方向生长。根部最为突出，外部分布九大裸根，瘤状突起明显，犹如波涛起伏，最长延伸达4 m之多，宛若龙盘。

寿光县志记载，据传此树植于明代之前，抗日战争时期，国民党保安第十五旅兵工厂以制造武器为名锯掉两根大枝，并意图锯掉整棵大树，后经多方努力，并经村民筹款筹木交换，大树得以保存。现生长茂盛，枝叶繁密，巨影婆娑，秋来果实累累，秋叶金黄炫目，远眺宛若一把撑开的巨伞，为市境内树木冠幅之最。

古银杏历史久远，虽历经岁月侵蚀仍挺拔屹立，已定为市级重点保护古树，1991年编入寿光县志，2018年镇政府立碑记载。

37078300004国槐

国槐 *Sophora japonica* L.，豆科，槐属。树龄约600年。

该树位于孙家集街道胡营二村村西北院内，东经118° 72'，北纬36° 82'。相传为元朝末期所植。树高约12 m，胸围465 cm，东西冠幅12 m、南北冠幅9 m，平均冠幅10.5 m。树干形状不规则，因年久树体腐烂、树皮开裂，分成3片，该树原有主枝现只存有一枝，于干高1.8 m处弯曲与主干呈“Ω”形着地，枝干也已中空，仅靠树皮维持生长，在东侧树皮所生直立枝向上生长与树冠下侧枝条形成两层。

村民为保护古树用水泥对树洞进行填充，树干东侧和西北方向筑有水泥柱支撑树枝。对老枝进行短截，现生长枝均为新发枝组成，生长比较旺盛。树干在填充以前，树洞西侧一树皮萌生的树根呈60° 角，由树干中空处插入地面。外部现显露五大主根，分别向东南、西南、西北、北、东北方向伸展，也多腐烂形成孔洞。

村民介绍，20世纪50年代时老槐树树冠遮天蔽日，生长在生产队的场院里，麦收时节，大家在树荫里打场、休息。当时老槐树比现在还大，五个大枝干都有百年老树那么粗，树冠比一座居民房的面积都大，有近400 m^2。30多年前，老槐树承担不住老枝的重量，枝干断落。古槐东侧，一棵近1 m粗的老枝折断后撑在地上，架着主干，作为老树的支撑。老槐树是村里的“镇村之宝”，尤其是老人对它感情非常深，尊称为“老槐爷”，每年清明节、阴历六月初六，村民都会结伴来祭槐，为子孙祈福。

37078300005国槐

国槐 *Sophora japonica* L.，豆科，槐属。树龄约500年。

现位于化龙镇三合村东西街南侧广场，东经118° 64'，北纬36° 98'。树高10 m，胸围425 cm，东西冠幅12 m、南北冠幅12 m，平均冠幅12 m。树皮灰褐色，主干直立。据了解，该树被埋入地下约50 cm，在树干的北侧有一“V”形树皮撕裂，西北侧干顶因主枝折断，干体腐烂，形成“心”形洞痕。原有六大主枝，有五枝先后折断，现仅剩一枝：该枝从分枝点向东倾斜生长，至3 m处通直向上，在5 m处又折向西北，与树干形成秤钩状。该树虽只有一枝，但树冠庞大，分层明显。

据说，在清代康熙年间该树树龄已有200余年。

37078300006枣树

枣树 *Zizyphus jujuba* Mill.，鼠李科，枣属。树龄约600年。

现位于洛城街道留吕村南北街，东经118° 95'，北纬36° 89'。树高8 m，胸围273 cm，东西冠幅9 m、南北冠幅8 m，平均冠幅8.5 m。树干直立，树皮褐色。在树干1.7 m处分两枝：一枝向南，该枝70 cm处又生一枝，向南斜生长；一枝向北，该枝50 cm处向东斜上生出一枝。该树主干、主枝及二次枝都已开裂、中空，东南侧4 m处有一树洞，树体遍布突起和孔洞。

二级古树名木

37078300007国槐

国槐 *Sophora japonica* L.，豆科，槐属。树龄约400年。

现位于圣城街道南胡村南北街，东经118° 72'，北纬36° 83'。树高20 m，胸围390 cm，东西冠幅14 m、南北冠幅16 m，平均冠幅15 m。树干中空，北侧自基部向上向东有一长1.5 m、宽15 cm的尖刀形开裂。上分四大主枝：一枝向东，两枝向西北，一枝向东南。东枝长5.6 m，折断，该枝又分两枝；西北枝（第一枝）长8.5 m，平行伸向西北，该枝又分五枝，分别向四面生长；西北枝（第二枝）向西北弯曲生长，于1.8 m处折断，该枝又生一枝向西向上生长，于1.5 m处折断；东南枝又分四枝，两枝向东，两枝向上。树皮灰褐色，整个树冠分层明显，成片云状。

据退休教师刘洪信介绍，在此之前此处是一座寺庙，古槐极有可能是庙槐。据说有寺庙的碑文，上书“大宋宣和三年”（即公元1121年）的字样，大意是说宣和三年寺庙建成。根据建庙栽树的传统，这棵槐树应该是宣和三年左右栽种的。20世纪50年代还能看到寺庙遗留的大钟和钟台。

37078300008国槐

国槐 *Sophora japonica* L.，豆科，槐属。树龄约350年。

现位于文家街道南马店村南北街的北部，东经118° 64'，北纬36° 90'。树高10 m，胸围360 cm，东西冠幅11 m、南北冠幅12 m，平均冠幅11.5 m。树皮深褐色，树干下部直立，上部向西南方向弯曲，树干腐烂中空，干体多处无皮，南侧离地面半米以上有一不规则较大开裂，裂口长3.4 m，宽30～50 cm，树体其他部分多处小的开裂，伤痕累累，树干基部空洞用水泥填充。有两大主枝：第一主枝向西北斜上伸展，该主枝又分五枝，两枝向上生长，两枝向西北伸展后下垂生长，一枝伸向东北；第二主枝于2003年7月份折断。另外，该树还生有两枝，分别向周围生长。树冠略微偏向西方，呈层云状。

37078300009国槐

国槐 *Sophora japonica* L.，豆科，槐属。树龄约400年。

现位于文家街道南潘曲村西北空地胡兴德家南侧，东经118° 68'，北纬36° 86'。树高15 m，胸围390 cm，东西冠幅11 m、南北冠幅11 m，平均冠幅11 m。干形直，通身树皮灰褐色。树干腐烂中空，东南侧自上至下有一部分（长1.8 m，宽约50 cm）没有树皮，树干被埋入地下80 cm。1991年，该户在洞内栽植一棵紫荆，与古槐形成“槐抱子”景观，后来，该古槐长势受到影响，户主在2008年将紫荆清除。原有三大主枝：第一大枝伸向东南，1990年时折断，现残桩已清理；第二大枝伸向东北，又分四个侧枝，生长良好；第三枝伸向西南方向，在距干分枝4.7 m处折断，该枝又分四枝，一枝向北斜上生长，一枝向南（现已干枯），一枝向西下垂生长，一枝向上生长。树冠圆形，下部萌生枝条较多，长势开始好转。

此树相传为元代栽植。

37078300010国槐

国槐 *Sophora japonica* L.，豆科，槐属。树龄约400年。

现位于孙家集街道贾家村东西街路北，东经118° 66'，北纬36° 83'。树高10 m，胸围410 cm，东西冠幅13 m、南北冠幅13 m，平均冠幅13 m。树干中空，树皮灰褐色，埋入地下50 cm，树干分裂为两部分，中间形成一树洞，内可容2人。斜向北方的残桩又生长出新枝，向东北方向生长；南侧部分树桩直立，占树体绝大部分，生长出大主枝，其中主枝已折断，只留有残茬，主要靠二次枝向西、东南、西北方向生长。微向东北偏冠，生长茂盛，树冠近似圆球状。

37078300011国槐

国槐 *Sophora japonica* L.，豆科，槐属。树龄约350年。

现位于田柳镇北王里村小学院内（东侧一株），东经118° 82'，北纬36° 97'。树高12 m，胸围360 cm，东西冠幅11 m、南北冠幅13 m，平均冠幅12 m。主干向南倾斜。树干南侧开裂，下部剥落，主干中空。树盘分布四大裸根，分别伸向东北、北、西北、西方向，其中北侧裸根似龙爪状。该树上分四大主枝：第一枝向西北，该枝又生一枝向西南斜上生长；第二枝向北，2.6 m处干枯折断，该枝又生一枝向西斜生长；第三枝向西北；第四枝向东斜生长。冠近似圆形，微向南偏冠。

据记载，明代洪武年间古槐就生长在庙宇前。20世纪40年代后期，庙宇改建为学校。因为古槐的存在，学校名气非常大。

37078300012国槐

国槐 *Sophora japonica* L.，豆科，槐属。树龄约300年。

现位于纪台镇青龙孙村东西街南北巷，东经118° 77'，北纬36° 75'。树高18 m，胸围355 cm，东西冠幅13 m、南北冠幅12 m，平均冠幅12.5 m。树干直立、中空，在主干3 m处有开裂，树皮灰褐色。上分五大主枝：第一枝向北，该枝又分两枝，一枝折断，一枝偏向东生长；第二枝已折断，只留残茬；第三枝向东，已折断；第四枝已枯；第五枝向上微偏东，该枝又分三枝，分别向南、北方向生长。树冠上小下大，近似三角形，长势一般。

37078300013国槐

国槐 *Sophora japonica* L.，豆科，槐属。树龄约400年。

现位于上口镇后牟邵村东西街与南北街交叉口，东经118° 89'，北纬36° 93'。树高约14.5 m，胸围400 cm，东西冠幅16 m、南北冠幅15 m，平均冠幅15.5 m。树干直立、南侧树干部分中空，自下而上有一长2.8 m的裂缝，略呈三角形，南北贯通，成人可自由穿过。上分三大主枝，部分主枝基部中空：西侧一枝向上生长，该枝又生两枝，伸向西北；第二枝向北生长，又折向东北；第三枝伸向东生长。该树原来还有一枝，已折断，在其基部萌发一枝向南生长。树皮灰色，树冠近似圆形，生长旺盛。

37078300014国槐

国槐 *Sophora japonica* L.，豆科，槐属。树龄约350年。

现位于稻田镇宋家稻庄宋四村东西巷，东经118° 94'，北纬36° 86'。树高11 m，胸围380 cm，东西冠幅10 m、南北冠幅10 m，平均冠幅10 m。树干直立，中空，主干西侧由于主枝断裂而导致树皮剥落留有裂缝，西南侧有一树洞，树皮灰褐色。该树有一裸根伸向东北，粗85 cm，长80 cm。上分三大主枝：第一枝伸向西南，在1.1 m处曾被锯掉，该枝又生一枝，在主枝北侧1 m处向北斜上生长；第二枝基部上侧萌生一枝；第三枝伸向东南，已干枯，该枝又分两枝，一枝向南，一枝向西。长势良好，多为枯后新枝，由于南侧房屋影响，树冠向北偏冠。

37078300015国槐

国槐 *Sophora japonica* L.，豆科，槐属。树龄约350年。

现位于洛城街道丁家店子村村内4 m高土台上，东经118° 89'，北纬36° 91'。树高8 m，胸围360 cm，东西冠幅5 m、南北冠幅5 m，平均冠幅5 m。树皮灰褐色。树干下部直立，自2 m处向西弯曲，中空，主干北侧自下向上开裂，直至干顶，木质部部分错位。该树外露三大裸根：第一根向西伸展，已腐烂中空；第二根向南伸展，部分中空；第三根向北伸展。该树上分三大主枝：第一枝伸向西北，4.2 m处干枯，该枝又分两枝，一枝向北，一枝向西；第二枝向东，已干枯；第三枝向西，1.6 m处干枯。

该村村西有一处土质高台，是著名的店子台遗址，土台据说是大禹时期修建的。高台上矗立的古槐，姿态极美，颇有国画意蕴，台下土中露出几条树根，有小树粗细。据当地村民介绍，这棵古槐一直就生长在土台上，早期的土台面积约有几亩。土台上原来还有一座庙，庙有三排房子，后来庙被改成学校，古槐就在小学院内。只有东边一条路可通到台子上面，附近村的人都在这里上学。20世纪五六十年代，学校全被树冠遮盖。

37078300016国槐

国槐 *Sophora japonica* L.，豆科，槐属。树龄约350年。

现位于洛城街道东高湛村南北街北首，东经118° 93'，北纬36° 90'。相传为明代移民所植。树高8 m，胸围360 cm，东西冠幅14 m、南北冠幅14 m。树干直立，南部中空，下部南北贯通，仅靠东西两面各50 cm左右树皮维持生长，南侧自上至下全部开裂，裂宽80～120 cm，树干北侧自根部至干顶没有树皮，宽75～100 cm，树皮灰色。上分两大主枝，一枝向北，一枝东南，均已断头：北侧枝基部生出一枝，平伸向西北；东南枝基部生出一枝向东南下垂生长。现有枝条多为枯后新枝，生长旺盛，树冠近似圆形。

37078300017国槐

国槐 *Sophora japonica* L.，豆科，槐属。树龄约400年。

现位于古城街道桑家官庄东西街上，东经118° 73'，北纬36° 93'。树高17 m，胸围460 cm，东西冠幅16 m、南北冠幅16 m。此树相传为明代所植，树干通直，树皮为灰褐色。该树埋于地下50 cm，在主干2.5 m处北侧有一树洞，为一主枝折断、年久腐烂所致，树干现已中空。在主干3 m处分三大主枝：第一枝向南生长，在主枝80 cm处折断；第二枝向东北方向伸展，在枝长5 m处折断，该枝又分五枝，分别向南、北、西北方向生长，是该树生长最旺的主枝；第三枝向西斜上生长，在枝长4 m处断头，该枝又生两枝，分别向西、西南方向生长。各枝生长分布均匀，树冠端正。

37078300018国槐

国槐 *Sophora japonica* L.，豆科，槐属。树龄约400年。

现位于田柳镇常家庄村小学后广场，东经118° 78'，北纬37° 04'。树高12 m，胸围396 cm，东西冠幅12 m、南北冠幅16 m，平均冠幅14 m。树干通直，树皮淡褐色，主枝保存比较完整，只有北侧一枝折断。主干北侧下部有一树洞，干顶有一树洞，因主干中空两洞相连。分布五大裸根，分别伸向东南、东、东北、北和西方向。该树上分三大主枝：第一枝向西北，3.8 m处又折向下，该枝又分三枝，一枝向北，在2.2 m处断头，一枝向西下垂生长，一枝向西北下垂生长；第二枝向西南，在3 m处断头，该枝3 m处生出一枝，向西斜上生长；第三枝向东南，只留残茬。树冠高大，近似伞状，长势旺盛。

据说，明代万历六年（即公元1578年）栽种此树。明永乐年间，常氏先祖自河北枣强迁来，至万历年间已繁荣兴旺。当初这里是一座“观音寺”，古槐南侧石碑保存十分完好，上面记载了一篇《观音堂记》，大意是万历六年秋天，常伦等4人捐资建庙、铸造铜钟，功德无量，而小槐树就栽在庙前。20世纪60年代还能找到庙里的大铜钟，老人们都记得铜钟的摆放位置。20世纪70年代村里规划时，在油坊下挖出了埋藏多年的石碑，又将其重新立在古槐前。

三级古树名木

37078300019国槐

国槐 *Sophora japonica* L.，豆科，槐属。树龄约220年。

现位于圣城街道田家村农圣街南侧绿化带内，东经118° 70'，北纬36° 85'。树高7 m，胸围210 cm，东西冠幅7 m、南北冠幅7 m。树干直立，颜色为淡褐色，向南倾斜，北侧树干开裂长达2.3 m。树冠基本干枯，2004年西侧主枝上发新枝，新枝分两大主枝：第一枝于主干2.2 m处向东南平伸，1 m处主枝断头，该枝又分一枝于主枝1 m处向上生长；第二枝于主干2.3 m处向上直立生长，该枝又分三枝。树冠圆形，已基本干枯，所发新枝生长旺盛。

该树在2000年原南环路改造时予以保护留存。

37078300020国槐

国槐 *Sophora japonica* L.，豆科，槐属。树龄约140年。

现位于圣城街道文博小学院内东北角，东经118° 72'，北纬36° 89'。树高9 m，胸围230 cm，东西冠幅8 m、南北冠幅8 m，平均冠幅8 m。树干东南方向自上而下有一宽40 cm的裂缝，树干腐烂、中空。树势生长旺盛。

1974年整平地面时，发现古槐树身下被埋一米半多。1988年特殊教育学校建校时，古槐被规划入学校院内。

37078300021国槐

国槐 *Sophora japonica* L.，豆科，槐属。树龄约200年。

现位于圣城街道北坦村健康街路北侧沿街楼后，东经118° 74'，北纬36° 89'。树高12 m，胸围280 cm，东西冠幅15 m、南北冠幅8 m，平均冠幅11.5 m，树干高2.5 m。树干东南方向有一长2.5 m，宽20 cm的树洞；北部有一长40 cm，宽20 cm的椭圆形树洞；西南2.5 m处有一腐烂树洞；在树干基部西北方向长一幼树高达3 m以上。上分两大主枝，其中西北枝腐烂、折断。树势生长旺盛。

据村民李长英介绍，先前村里有两棵老槐树，在村主街道的两侧，现在经过重新规划后，街道已经向东改道。1960年，西边的那棵槐树因为干旱枯死了。以前，这两棵树就是村里的标志，20世纪六七十年代，村里开会、学习都是聚在老槐树下，那时候树冠很大，一棵树下就能坐下好几十人。以前古树附近，还有一块雍正年间立的石碑，现在这块石碑被保护得十分完好，字迹也很清晰。石碑中间刻“邑厉坛”，右侧刻“雍正十二年四月朔立石”，左侧有“文林郎知寿光县事叶一泓立”字样。据村民李长玉介绍，最初此处没有村落，因建城时东西南北各设一个祭坛，此处祭坛可能在当时叫作“邑厉坛”，因在城北也称“北坛”，立村时也称“北坛村”，后演变为“北坦村”。

据说以前宁国寺到兰柳村（即现在刘旺村）之间直通一条路，路旁只有这两棵槐树遮阴蔽日，途经的路人都在两棵树下歇脚乘凉。族谱中记载的家族名人有许多故事都跟古槐有关：嫁到孔府的“圣人妻圣人母”李玉每次回家省亲，都会在树下乘凉；又因李汝英和儿子李适、李迥都中了进士，时任寿光知县，就为村里立了“邑厉坛”的碑，据说当时的每任官员都要来此处祭祀。

37078300022国槐

国槐 *Sophora japonica* L.，豆科，槐属。树龄约140年。

现位于圣城街道南马范村小区南侧，东经118° 82'，北纬36° 89'。树高10 m，胸围240 cm，东西冠幅10 m、南北冠幅10 m。树干向西北倾斜，东南侧树干腐烂、中空。分两大主枝，一枝向北横向生长，该枝又分为两枝；另一枝向西南方向生长。树冠偏向西北，长势中庸。

37078300023国槐

国槐 *Sophora japonica* L.，豆科，槐属。树龄约180年。

现位于圣城街道金融小区院内，东经118° 73'，北纬36° 88'。树高12 m，胸围260 cm，东西冠幅11 m、南北冠幅11 m。干形直立，树皮淡褐色。树干西北部有一上宽下窄开裂，内部中空，树干基部东侧有一树洞，其他部位树皮裂成不规则的纵纹状。在东南方向6 m高主枝的基部有一树洞。上分三大主枝：一枝西北，该枝又分两枝，一枝向东北伸展，一枝向西下垂生长；一枝西南，该枝又分五枝，向四面生长；一枝东南，该枝又分两枝，一枝伸向东北，一枝伸向东南。整个树冠微偏西南，生长茂盛，形如巨伞。

37078300024国槐

国槐 *Sophora japonica* L.，豆科，槐属。树龄约100年。

现位于圣城街道温泉小区院内4号楼前，东经118° 74'，北纬36° 88'。树高13 m，胸围200 cm，东西冠幅11 m、南北冠幅11 m。树干通直，树皮深褐色。在主干3 m处呈“V”形，上分两大主枝：一枝向西，一枝向东。西侧枝在6 m处折断，该枝又分三枝：一枝向西，一枝向西北，一枝向东斜上生长。东侧枝5 m以上干枯，该枝又分四枝：一枝向南，一枝向东，一枝向上，一枝向北下垂生长。树冠圆形，生长茂盛，微向西南偏冠。

37078300025国槐

国槐 *Sophora japonica* L.，豆科，槐属。树龄约220年。

现位于圣城街道墨龙集团墨龙石油机械厂门口西侧，东经118° 78'，北纬36° 89'。树高11 m，胸围300 cm，东西冠幅12 m、南北冠幅12 m。树干通直，树皮深褐色，树干西北侧基部和顶端各有一洞。有两大分枝，一枝向东南方向斜上生长，另一枝向西北方向斜上生长。树枝多为新发枝条，树冠近似圆形，长势较好。

37078300026国槐

国槐 *Sophora japonica* L.，豆科，槐属。树龄约200年。

现位于圣城街道墨龙集团墨龙石油机械厂门口东侧，东经118° 77'，北纬36° 89'。树高11 m，胸围280 cm，东西冠幅13 m、南北冠幅13m。树干通直，树皮灰白色，树干2.2 m。东、西各有两大分枝，均已枯死，留有残茬，现枝条均为后期萌发，树冠近似圆形，生长旺盛。

37078300027国槐

国槐 *Sophora japonica* L.，豆科，槐属。树龄约180年。

现位于圣城街道金马寨村圣阳路南侧，东经118° 76'，北纬36° 85'。树高7 m，胸围270 cm，东西冠幅4 m、南北冠幅6 m，平均冠幅5 m。树干直立，与地面成80° 角向北侧斜上生长。树干北侧下部有一高70 cm，宽50 cm的地方没有树皮，其他多处地方小面积没有树皮。四大主枝：一枝向东，长1.6 m，已折断；第二枝向南，已折断，该枝又分一枝，从主枝基部生出向南生长；第三枝向东，现已干枯；第四枝向西，也已干枯，在主枝基部又生一枝，向南生长。冠型南高北低，长势较弱。

37078300028国槐

国槐 *Sophora japonica* L.，豆科，槐属。树龄约180年。

现位于圣城街道崔家老庄村小学院内东北角，东经118° 76'，北纬36° 85'。树高10 m，胸围260 cm，东西冠幅14 m、南北冠幅12 m，平均冠幅13 m。树干向西南倾斜，树干东侧有一10 cm宽的裂缝，树干2.2 m处有一椭圆形空洞。有三大分枝：第一枝向东横向生长；第二枝向西斜上生长；第三枝向东北斜上生长。长势旺盛。

37078300029国槐

国槐 *Sophora japonica* L.，豆科，槐属。树龄约220年。

现位于圣城街道崔家老庄村东西街北侧，东经118° 76'，北纬36° 85'。树高6 m，干高2.5 m，胸围300 cm，东西冠幅13 m、南北冠幅11 m，平均冠幅12 m。树干腐烂、树体中空。2008年用水泥等材料砌成树干，以支撑树体，整体呈粮囤形。主枝已腐烂，现有树枝均为后来萌发的新枝，长势一般。

据说此槐为立村槐。

37078300030侧柏

侧柏 *Platycladus orientalis* (L.) Franco，柏科，侧柏属。树龄约140年。

现位于圣城街道南胡村卫生室南侧，东经118° 72'，北纬36° 84'。树高12 m，胸围115 cm，东西冠幅5 m、南北冠幅5 m。树干挺拔直立，枝下高7 m，现有六主枝存活形成树冠，各主枝粗细略等，一枝向西，三枝向东南，一枝向东北，一枝向西北，树冠向西南方向偏冠，近卵圆形，长势良好。

37078300031侧柏

侧柏 *Platycladus orientalis* (L.) Franco，柏科，侧柏属。树龄约120年。

现位于圣城街道南胡村卫生室南侧，东经118° 72'，北纬36° 84'。树高5 m，胸围100 cm，东西冠幅6 m、南北冠幅6 m。树干挺拔直立，树枝下垂生长，状如一把巨大的绿伞，微微向南偏冠。该树长势较旺。

37078300032国槐

国槐 *Sophora japonica* L.，豆科，槐属。树龄约200年。

现为圣城街道燕家村南北街路东侧花坛内最南侧的一棵，东经118° 71'，北纬36° 86'。树高12 m，胸围230 cm，东西冠幅8 m、南北冠幅8 m，平均冠幅8 m。树皮灰褐色，树干自北向南右旋、扭曲生长，树干西南方向开裂，内部中空，仅靠北侧树皮维持生长。在主干40 cm处有一树洞，洞宽约20 cm，高30 cm。该树现有一大主枝，向西南生长。该枝分生四枝，分别向西、西南、东南、东北方向生长。在主干2 m处萌生出五个小枝，丛生状向北生长。该树冠呈扁圆形，由于树体南倾，微向南偏冠。

37078300033国槐

国槐 *Sophora japonica* L.，豆科，槐属。树龄约200年。

现为圣城街道燕家村南北街路东侧花坛内中间的一棵，东经118° 71'，北纬36° 86'。树高12 m，胸围280 cm，东西冠幅12 m、南北冠幅12 m，平均冠幅12 m。树干直立，树皮褐色。现该树仅靠南侧树皮维持生长，生长树皮呈倒三角形，上宽下窄。树干中空，可容1人上下自如，树干北侧离地2.5 m处有一树洞。现有两大主枝：一枝向西南，一枝向西。西南枝又分五枝，分别向四面生长。向西枝又分四枝，分别向四面生长。虽然仅靠微量树皮生长，但该树树冠丰满，两大主枝生长旺盛，树冠扁圆形。

37078300034国槐

国槐 *Sophora japonica* L.，豆科，槐属。树龄约200年。

现为圣城街道燕家村南北街路东侧花坛内最北侧的一棵，东经118° 71'，北纬36° 86'。树高12 m，胸围180 cm，东西冠幅7 m、南北冠幅7 m。树干直立，在树干1.5 m以上有扭曲生长现象，树皮灰褐色，在西南方向离地表30 cm处向上开裂，高近80 cm，经逐年生长现已接近愈合。在主干1.6 m以上东北方向有一长1.2 m，宽10～15 cm的裂口。两大主枝：一枝西北，一枝东南。西北枝又分四枝，于西北、西南方向向上生长；东南枝长8.5 m，又分五枝，主要向东南方向生长。树冠近似圆形，生长茂盛。

37078300035国槐

国槐 *Sophora japonica* L.，豆科，槐属。树龄约120年。

现位于圣城街道北关村健康街南侧空地，东经118° 73'，北纬36° 89'。树高13.5 m，胸围210 cm，东西冠幅10 m、南北冠幅10 m。树干高4 m。树势生长旺盛。

37078300036国槐

国槐 *Sophora japonica* L.，豆科，槐属。树龄约200年。

现位于圣城街道后朴新区10号楼南侧，东经118° 76'，北纬36° 89'。树高7 m，胸围290 cm，东西冠幅8 m、南北冠幅8 m。树干向东北方向倾斜，南侧树皮开裂，树干腐烂、中空。该树原有枝干均已干枯，现多为萌生的新枝。树冠近似半圆形，长势旺盛。

37078300037国槐

国槐 *Sophora japonica* L.，豆科，槐属。树龄约200年。

现位于圣城街道岳家庄东西街南侧，东经118° 75'，北纬36° 91'。树高8 m，胸围280 cm，东西冠幅11 m、南北冠幅11 m。树皮淡褐色，树干西侧开裂中空，东侧自地表2.4 m以上开裂，在西北部位有一树洞，西侧上方有一树洞呈蛹状。主干在8 m处断裂，自上而下干枯2 m有余。上分四大主枝：第一枝长5 m，向西南伸展3 m后呈半圆形下垂，枝头干枯；第二枝长6.5 m，伸向南，已干枯，在该枝基部萌生一枝，向南生长；第三枝长8 m，向东伸展，该枝又上分四枝，一枝向东，一枝东北，一枝向上，一枝东南，生长较旺；第四枝伸向东10 cm，折向南50 cm，又折向西南生长。树冠半圆形，由于南侧靠近房屋枝多干枯，长势较弱，北侧萌生许多新枝，生长茂盛，但偏冠。

37078300038国槐

国槐 *Sophora japonica* L.，豆科，槐属。树龄约160年。

现位于圣城街道岳家庄南北街路西，东经118° 75'，北纬36° 91'。树高9 m，胸围245 cm，东西冠幅7 m、南北冠幅9 m，平均冠幅8 m。树干中空，树皮多处开裂，通身树皮灰褐色。该树主干通直，长势中庸，整个树冠偏向西方，枯死干枝保存完整，树冠近似圆形，在树干中空处，生一梧桐，又称“怀抱童子”。梧桐树比古槐高近1 m，通直向上，上部树冠如一把小伞立于树中，宛若孩子撑起一把小伞为饱经沧桑的老人遮风蔽雨。

37078300039国槐

国槐 *Sophora japonica* L.，豆科，槐属。树龄约200年。

现位于圣城街道岳家庄南北街路西张永升院内，东经118° 75'，北纬36° 91'。树高8 m，胸围290 cm，东西冠幅8 m、南北冠幅8 m。树皮颜色淡褐色，树干北侧自上而下开裂，宽度在75 cm左右，开裂处腐烂中空，仅靠南侧树皮维持生长。在树干1 m多处分两大主枝：一枝向西；一枝东南，该枝又分两枝，向北生长。整个树冠似圆形偏向北方，多为枯后新枝，生长茂盛。

37078300040国槐

国槐 *Sophora japonica* L.，豆科，槐属。树龄约180年。

现位于圣城街道李家仕庄村旧址村碑旁，东经118° 79'，北纬36° 89'。树高13 m，胸围270 cm，东西冠幅16 m、南北冠幅14 m，平均冠幅15 m。树干通直，树皮深褐色，龙盘根。干高处分三枝：东北枝已腐烂断裂成为树洞；东南枝在2 m处又分两枝；西南枝长5 m，该枝在1.5 m处又分三枝，其中东北枝已腐烂。树体雄伟，生长旺盛。

37078300041国槐

国槐 *Sophora japonica* L.，豆科，槐属。树龄约100年。

现位于圣城街道温泉小区1号楼后，东经118° 74'，北纬36° 88'。树高13 m，胸围180 cm，东西冠幅13 m、南北冠幅13 m。树干高4 m，干高2 m处向南倾斜而树冠主枝反而弯曲向北，树北侧距地面1 m处有长60 cm，宽8 cm的树洞。树势生长旺盛。

37078300042国槐

国槐 *Sophora japonica* L.，豆科，槐属。树龄约180年。

现位于文家街道桑家庄村南北街东侧活动广场，东经118° 70'，北纬36° 91'。树高10 m，胸围260 cm，东西冠幅14 m、南北冠幅12 m，平均冠幅13 m。树干弯曲向北倾斜，用支架支撑保护。树皮褐色，树干中空，有树洞2个。在干高3 m处分南北两大主枝：南侧枝又分四枝，两枝向南，两枝向北生长；北侧枝已折断，只留残茬，在主干2.6 m处生出一2.6 m长新枝，向西丛生。树冠近似圆形，微向东南偏冠。

37078300043国槐

国槐 *Sophora japonica* L.，豆科，槐属。树龄约240年。

现位于文家街道刘家庄子村东西街南侧，东经118° 63'，北纬36° 88'。树高12 m，胸围320 cm，东西冠幅17 m、南北冠幅19 m，平均冠幅18 m。树干通直，自东往西扭曲向上生长，树干西侧有开裂，但现在除顶部以外已基本愈合，内部已腐烂中空，树皮颜色深褐色。据记载，该树底部有4个树瘤，已被埋入地下60 cm。该树上分三大主枝：一枝西北，一枝东南，一枝西南。西北枝又分五枝，向四周生长；东南枝又分五枝，主要向南、向上生长；西南枝又分五枝，主要向东北方向生长。远观整个树冠偏南，下部比较丰满，上部略显稀疏。

37078300044国槐

国槐 *Sophora japonica* L.，豆科，槐属。树龄约120年。

现位于文家街道文庙街西首文家新村门口西侧，东经118° 69'，北纬36° 89'。树高12 m，胸围210 cm，东西冠幅6 m、南北冠幅6 m。树干直立，树皮淡褐色，叶片较大。在主干南侧有一三角形开裂，高40 cm，宽20 cm，树干部分中空。生出三大主枝：一枝向西斜上生长；一枝向东偏北斜上生长；一枝向西北斜上生长。树冠庞大，主枝保存完整，树冠扁圆形，长势一般。

37078300045国槐

国槐 *Sophora japonica* L.，豆科，槐属。树龄约160年。

现位于文家街道文庙街西首文家新村门口东侧，东经118° 70'，北纬36° 89'。树高18 m，胸围250 cm，东西冠幅11 m、南北冠幅11 m。树干较直，但微向北侧偏斜，中空，东南侧距地面0.5 m以上有一宽15 cm，高4 m的开裂。三大主枝：第一枝位于主干2.5 m处向北斜上生长，该枝又分五枝；第二枝位于主干6 m处向上偏东北方向生长，该枝又分两枝；第三枝位于主干5.8 m处向西南方向生长。树冠近圆形，西侧枝下垂较重，微向西北侧偏冠。

37078300046国槐

国槐 *Sophora japonica* L.，豆科，槐属。树龄约160年。

现位于文家街道吕家村吕延顺院内，为其祖上所栽，东经118° 68'，北纬36° 92'。树高13 m，胸围255 cm，东西冠幅12 m、南北冠幅12 m。树皮颜色灰色，树干下直上斜，北侧开裂，4 m以下通直，从4 m以上向西倾斜，至6.5 m处折向西北，到8.4 m处又弯向北侧。在主干8.6 m处没有树皮,最下一侧枝斜向下伸向西南。现在多为新生枝生长，树冠圆形，微向北偏冠。

37078300047文冠果（文冠树）

文冠果（文冠树）*Xanthoceras sorbifolia* Bunge，无患子科，文冠果属。树龄约140年。

现位于文家街道北付村李义君院内，东经118° 73'，北纬36° 92'。树高5 m，胸围100 cm，平均冠幅3 m。主干基部微向北偏，在3.4 m处向北弯曲，主茎自下而上扭曲生长，树皮呈灰白色。上分三枝：第一枝向南，该枝又分两枝，一枝向东南，一枝向上又折向北；第二枝向上生长；第三枝向西北生长，其上又生出三枝，分别向上、西北生长。该树生长良好。

37078300048国槐

国槐 *Sophora japonica* L.，豆科，槐属。树龄约200年。

现位于文家街道北付村李义君院内，东经118° 73'，北纬36° 92'。树高10 m，胸围290 cm，东西冠幅11 m、南北冠幅11 m。树干直，东部开裂，残存腐朽枯桩，宽度40～50 cm，树皮颜色灰褐色。原主枝现只保留一枝，长8.8 m，向西偏北伸展，其余六大树枝为2001年从树干顶端处萌生，向上生长。树冠如伞状，略偏向西，生长茂盛。

37078300049紫藤

紫藤 *Wisteria sinensis* (Sims) Sweet，豆科，紫藤属。树龄约140年。

现位于洛城街道万华清河熙华园小区6号楼后，东经118° 84'，北纬36° 86'。树高3 m，丛生，东西冠幅10 m、南北冠幅6 m，平均冠幅8 m。基部贴地面向东55 cm处分两主枝：一枝向上，实有三枝盘曲扭结成一股，44 cm后各自分枝向上，虬扎、盘曲、交集于架上；一枝向东钻于地下，交叉、盘结向上，所有枝条盘于顶部。郁郁葱葱，冠呈盖状。

37078300050国槐

国槐 *Sophora japonica* L.，豆科，槐属。树龄约160年。

现位于洛城街道洛中村洛兴街北侧，东经118° 83'，北纬36° 86'。树高14 m，胸围252 cm，东西冠幅12 m、南北冠幅12 m。树干高3 m，树干通直，树皮深灰色。树干西北侧距地面50 cm处有一长50 cm，宽10 cm的椭圆形树洞；树干西北2.5 m处有一腐烂树洞；东北方向有一长2 m，宽20 cm未完全包裹裂缝。上分三大主枝。树势生长旺盛。

37078300051国槐

国槐 *Sophora japonica* L.，豆科，槐属。树龄约200年。

现位于洛城街道留吕村南北街北段，东经118° 95'，北纬36° 89'。树高12 m，胸围279 cm，东西冠幅12 m、南北冠幅10 m，平均冠幅11 m。树干通直，中空，主干西北侧开裂，现已基本愈合，留一长50 cm，宽10 cm的愈合缝，主干顶部有一树洞，树皮褐色。主干5 m处分三大主枝：第一主枝向南，在2 m处断头；第二主枝向西北，该枝又分两枝，一枝向西，在50 cm处折向南，一枝向北；第三主枝向东南，该枝又分两枝，一枝向东，一枝向南。树冠丰满，呈圆形，生长旺盛。

37078300052国槐

国槐 *Sophora japonica* L.，豆科，槐属。树龄约140年。

现位于洛城街道北城西村东西街中段路南侧，东经118° 97'，北纬36° 91'。树高7 m，胸围240 cm，东西冠幅13 m、南北冠幅9 m，平均冠幅11 m。树干向西北倾斜，树干东南侧从基部到干顶有一裂缝，裂缝最宽处40 cm，最窄处20 cm。该树原主枝均已折断，现多为后期萌发的新枝条。树冠南高北低呈椭圆形，生长旺盛。

37078300053国槐

国槐 *Sophora japonica* L.，豆科，槐属。树龄约120年。

现位于洛城街道清河熙华园东门北侧，东经118° 83'，北纬36° 86'。树高7 m，胸围210 cm，东西冠幅5 m、南北冠幅5 m，平均冠幅5 m。树干向西北微倾，树皮深褐色。树干南侧有一长1.5 m，宽20 cm的裂缝，在东南方向干高2.7 m处有一孔洞。上分五大主枝，分别向东、南、西北、东南、西南方向伸展，其中南枝是最大的主枝。树冠近似圆形，向北侧略偏，长势较弱。

37078300054国槐

国槐 *Sophora japonica* L.，豆科，槐属。树龄约220年。

现位于古城街道曹家村村委院内，东经118° 76'，北纬36° 94'。树高12 m，胸围240 cm，东西冠幅14 m、南北冠幅14 m，平均冠幅14 m。树干在6 m处折断，主干内部腐烂，北侧树体完整，西南侧自上而下存在多处孔洞及裂缝，整体向东北方向弯曲生长。主干3.5 m处生出一主枝伸向东北，3 m处折断。该枝又分两枝：一枝向东北伸展；一枝向上直立生长。

据说，这里原先是座庙，这棵树就长在庙的东南角，明代洪武年间，曹家庄在此立村时就有了这棵树，至今村里还流传着“先有老庙槐，后有曹家庄”的说法。1947年老庙拆除，建了学校。那时候树的形状跟现在大不相同，现在的主干其实是老树的一个侧枝，老槐树从根部分出两根枝，有一枝枯死了，中间的空洞里藏了个很大的马蜂窝，马蜂白天常常落入院中，学生和村民都饱受被蜇之苦，当时几个大胆的高年级学生就在晚上把蜂窝烧了。这棵树每年发芽都很晚，但长势很好。村民王莲凤指着东墙上的老枝说，多亏这面墙承托老树的重量，这根大枝才没断，多年来，这面墙已经加固了好几次。现在古槐所在的围池还是1987年修建的，每年村委会都安排专人给古树打药防虫，村民们的保护意识也很强。

树冠宛如开屏的孔雀，长势一般。

37078300055国槐

国槐 *Sophora japonica* L.，豆科，槐属。树龄约200年。

现位于古城街道北洛村东西街东段，东经118° 79'，北纬36° 92'。树高9 m，胸围290 cm，东西冠幅12 m、南北冠幅12 m，平均冠幅12 m。树干通直，腐烂中空，向北微倾，东侧在干高2.6 m处呈“V”形开裂，在树干顶端形成孔洞，树皮颜色灰褐色。上分五大主枝：第一主枝于干高2.8 m处生出，向东弯曲生长；第二主枝于干高3 m处生出，向南生长，该枝又分两枝，一枝向上直立生长，一枝向西南生长；第三主枝于干高3.3 m处向东北斜上生长；第四主枝于干高3.7 m处生出，向上直立生长；第五主枝于干高4.3 m处生出，向西北生长。树冠分层非常明显，下层向北伸展，树叶浓密，上层为第四主枝和第二主枝的二次枝生长所致，微向南偏斜，如蘑菇状盖在下层树冠之上。

37078300056国槐

国槐 *Sophora japonica* L.，豆科，槐属。树龄约200年。

现位于古城街道戴家村村碑十字路口东侧，东经118° 80'，北纬36° 92'。树高11 m，胸围280 cm，东西冠幅9 m、南北冠幅11 m，平均冠幅10 m。树干通直、中空，南侧自下而上开裂至干顶，宽约0.7 m，干枯处木质部外露，树皮灰褐色。现仅剩一主枝，在主干2.2 m处向东生长，5 m处折断，又生三枝：一枝向东南，在0.4 m处折断；一枝向东南，基部萌发多枝伸向东北；一枝向东，在0.3 m处折断，基部萌发多枝伸向东北。树冠似圆形，多为新枝，长势较旺。

37078300057国槐

国槐 *Sophora japonica* L.，豆科，槐属。树龄约180年。

现位于古城街道戴家村村碑十字路口东路北侧，东经118° 80'，北纬36° 92'。树高11 m，胸围260 cm，东西冠幅11 m、南北冠幅13 m，平均冠幅12 m。该树树干开裂、中空，靠东北侧树体维持生长，存活树体与原干枯木质部分离。主干自2.3 m处向北生一大主枝，该枝又分三枝，均生长旺盛，枝条分布均匀，呈圆球状。现生长枝均为枯后新枝，树冠略向北偏冠，形状近似圆形。

37078300058国槐

国槐 *Sophora japonica* L.，豆科，槐属。树龄约120年。

现位于古城街道戴家村村碑十字路口西20m北侧院内，东经118° 80'，北纬36° 92'。树高10 m，胸围220 cm，东西冠幅8 m、南北冠幅6 m，平均冠幅7 m。树干中空、开裂，从地面由南侧向西、向北扭曲开裂，树洞可容1人有余，由地表处向东北方向弯曲生长，树皮灰白色。该树上分三大主枝：第一主枝于干高2.1 m处生出，向北生长；第二主枝于干高3.8 m处生出，现已干枯；第三主枝于干高3.8 m处生出，向东南斜上生长。还有两枝为后来萌生枝，分别向北、东北方向生长。树冠近似圆形，新枝生长旺盛，微偏向西侧。

37078300059侧柏

侧柏 *Platycladus orientalis* (L.) Franco，柏科，侧柏属。树龄约140年。

现位于古城街道戴家村村碑十字路口东200 m北侧大棚旁，东经118° 80'，北纬36° 92'。树高8 m，胸围116 cm，东西冠幅8 m、南北冠幅4 m，平均冠幅6 m。树干通直，南侧离地50 cm处有一圆形裂缝，树皮深褐色。树冠椭圆形，生长旺盛。

37078300060侧柏

侧柏 *Platycladus orientalis* (L.) Franco，柏科，侧柏属。树龄约140年。

现位于古城街道戴家村村碑十字路口东200 m北侧大棚旁，东经118° 80'，北纬36° 92'。树高8 m，胸围116 cm，东西冠幅8 m、南北冠幅8 m，平均冠幅8 m。树干向南倾斜，有三大分枝：第一枝向北斜上生长；第二枝向上直立生长；第三枝向东南斜上生长。树冠状似扇形，生长旺盛。

37078300061国槐

国槐 *Sophora japonica* L.，豆科，槐属。树龄100余年。

现位于古城街道王家庄村旧址，东经118° 79'，北纬36° 90'。树高10 m，胸围190 cm，东西冠幅10 m、南北冠幅12 m，平均冠幅11 m。树干通直，树干基部西侧有一“∩”形空洞，有两大分枝：第一枝向西北斜上生长；第二枝向上直立生长。树冠近似圆形，生长旺盛。

37078300062国槐

国槐 *Sophora japonica* L.，豆科，槐属。树龄约140年。

现位于古城街道野虎村东西街，东经118° 75'，北纬36° 93'。树高11 m，胸围240 cm，东西冠幅12 m、南北冠幅12 m，平均冠幅12 m。据说为张姓所植，其后由刘姓祖上将地皮及树木买下，保存至今。树干腐烂中空，南侧自上而下裸露大片朽木，伤痕累累，瘤状突起较多，干形直立，树皮灰白色。该树干高2.2 m处生出三大主枝，因折断现留有残茬：一主枝上分三枝，分别向南、北、西方向生长；另两根主枝分别向西、向北生长。目前该树长势旺盛，树冠近似圆形。

37078300063国槐

国槐 *Sophora japonica* L.，豆科，槐属。树龄约120年。

现位于古城街道杨家庄村最南侧东西街中段，东经118° 75'，北纬36° 93'。树高10 m，胸围215 cm，东西冠幅10 m、南北冠幅10 m，平均冠幅10 m。树干西南侧开裂，腐烂中空，自基部到干顶，裂缝最宽处40 cm，靠东北侧树体维持生长。树冠呈椭圆形，生长旺盛。

37078300064国槐

国槐 *Sophora japonica* L.，豆科，槐属。树龄约160年。

现位于古城街道顶盖村东西街与南北巷交叉口北60 m，东经118° 70'，北纬36° 97'。树高12 m，胸围245 cm，东西冠幅15 m、南北冠幅15 m，平均冠幅15 m。树干东侧有一椭圆形裂缝，腐烂中空，树皮深褐色。分三大主枝：第一主枝向南斜上生长；第二主枝向东北斜上生长；第三主枝向西北斜上生长。树冠近似圆形，生长旺盛。

37078300065国槐

国槐 *Sophora japonica* L.，豆科，槐属。树龄约200年。

现位于孙家集街道迈翔集团院内，东经118° 73'，北纬36° 84'。树高9.2 m，胸围251 cm，东西冠幅7 m、南北冠幅7 m，平均冠幅7 m。主干自根际以上全部腐烂，已不存在。现分布二十二根裸根，均为悬根，其中南侧十三根、北侧四根已枯断，有五根入地支撑，宛如一头大象。一根位于西侧垂直向下，皮已脱落；一根位于东北侧，由中心根上生出，几乎垂直入地；一根位于正中，只存在少量皮；一根在南侧垂直向下，已死亡；一根位于南侧弯曲伸入地下。该树从根部生出两大主枝：第一主枝垂直向上生长，该枝又分三枝，分别向东、西北、西南生长；第二主枝伸向东南，在50 cm处折断，该枝又分两枝，一枝西南，一枝东南。该树枝干均由根部所生，生长茂盛，树冠略分两层。

37078300066国槐

国槐 *Sophora japonica* L.，豆科，槐属。树龄约200年。

现位于孙家集街道前王村孙在义老宅院内，东经118° 73'，北纬36° 80'。树高13 m，胸围279 cm，东西冠幅19 m、南北冠幅12 m，平均冠幅15.5 m。树干通直，东侧开裂无树皮，内部腐朽，远观似雕刻。有两大分枝：一枝向东北斜上生长，一枝向西斜上生长。树冠像一顶大伞撑开，将整个院子遮盖，长势旺盛。

37078300067皂荚

皂荚 *Gleditsia sinensis* Lam.，豆科，皂荚属。树龄约280年。

现位于孙家集街道汤家庄村村委院内，东经118° 71'，北纬36° 80'。树高16 m，胸围280 cm，东西冠幅21 m、南北冠幅19 m，平均冠幅20 m。树干通直，树皮深褐色，干高4.3 m。干高处分四大主枝，基径均约40 cm，主枝又生出无数分枝，生长旺盛，犹如一把巨型大伞覆盖整个院落，远望颇为壮观。

37078300068国槐

国槐 *Sophora japonica* L.，豆科，槐属。树龄约200年。

现位于孙家集街道二甲村中心街路东朱明升院内，东经118° 70'，北纬36° 80'。树高13 m，胸围约292 cm，东西冠幅9 m、南北冠幅9 m，平均冠幅9 m。树冠近似圆形，干高2 m，树干向东南方向倾斜，树皮深褐色。分南北两大主枝：北部主枝又分两枝，一枝枯死折断，一枝向北斜上生长；南部主枝又分三枝，分别向上、向南、向东生长。树冠上部为萌发新枝，生长旺盛。

37078300069枣树

枣树 *Zizyphus jujuba* Mill.，鼠李科，枣属。树龄100余年。

现位于孙家集街道边线王村西北角，东经118° 65'，北纬36° 80'。树高10 m，胸围119 cm，东西冠幅9 m、南北冠幅9 m，平均冠幅9 m。树干通直，有三大分枝：第一枝向南斜上生长；第二枝向东斜上生长；第三枝向上生长。树冠近似圆形，已发生“枣疯病”，长势衰弱。

37078300070国槐

国槐 *Sophora japonica* L.，豆科，槐属。树龄100余年。

现位于孙家集街道潘家村杨金波院内，东经118° 68'，北纬36° 81'。树高12 m，胸围200 cm，东西冠幅8 m、南北冠幅8 m，平均冠幅8 m。树皮深褐色，树干自地表2.8 m处向西弯曲，在5 m处折向上生长，至7 m处又略向西倾斜，形成“S”形弯曲。上分五大主枝，均已折断，第五枝已干枯，现生长枝条均为再生枝。树冠扁圆形，微向东偏冠。

37078300071国槐

国槐 *Sophora japonica* L.，豆科，槐属。树龄约140年。

现位于孙家集街道潘家村东西街南侧，东经118° 67'，北纬36° 81'。树高11 m，胸围240 cm，东西冠幅14 m、南北冠幅12 m，平均冠幅13 m。树干下直上斜，在3 m处成20° 角向南倾斜，树皮深褐色。在干高2.5 m处原有的一枝折断，树皮剥落，由于年久腐烂，致使树干中空，形成孔洞。上分五大主枝，分别向东、南、西北、东南、西南方向伸展，西南枝是最大的主枝，东南枝弯曲伸向东南方向。树冠近似圆形，向北侧略偏，生长茂盛。

37078300072国槐

国槐 *Sophora japonica* L.，豆科，槐属。树龄约200年。

现位于孙家集街道潘家村东西街西段，东经118° 67'，北纬36° 81'。树高11 m，胸围280 cm，东西冠幅12 m、南北冠幅8 m，平均冠幅10 m。主干弯曲，树皮深褐色。树干略向南倾斜，在干高2 m处南伸，于4.7 m处折向北倾，略呈“S”形。在树干4.5 m处有一直径30 cm的树瘤，底部有一树洞。上分四大主枝，一枝向西，一枝向东，一枝东北，一枝东南。树冠近似圆形，生长茂盛。

37078300073国槐

国槐 *Sophora japonica* L.，豆科，槐属。树龄约200年。

现位于孙家集街道西彦方村西北角空地内，东经118° 69'，北纬36° 82'。树高12 m，胸围290 cm，东西冠幅14 m、南北冠幅14 m，平均冠幅14 m。树干从基部分成三大主干，树冠偏西南方向，生长茂盛。

37078300074国槐

国槐 *Sophora japonica* L.，豆科，槐属。树龄100余年。

现位于孙家集街道胡营二村刘宗尧院内，东经118° 73'，北纬36° 82'。树高12 m，胸围200 cm，东西冠幅10 m、南北冠幅10 m，平均冠幅10 m。树皮灰褐色，树干通直，有一树洞，为主枝腐烂所留，南侧有两个小树洞。该树分两大主枝：第一主枝位于主干3.5 m处，向上生长；第二主枝位于4.2 m处，向东南伸展。树冠圆球状，生长茂盛。

37078300075国槐

国槐 *Sophora japonica* L.，豆科，槐属。树龄约120年。

现位于孙家集街道胡营二村南北街东侧，东经118° 72'，北纬36° 82'。树高10 m，胸围220 cm，东西冠幅8 m、南北冠幅10 m，平均冠幅9 m。主干2 m以下通直，2 m以上向南倾斜，4 m处枯死，主干西南方向开裂，自下而上直至干顶。该村为保护古树不被损害，将主干部分全部用水泥封住。该树上分五大主枝：第一主枝向北，该枝20 cm处又生长一枝；第二主枝已折断，只留残茬；第三主枝向东；第四主枝向北；第五主枝向南斜上生长，该枝基部又生长一枝。树冠微向南倾，近似圆形，多为枯后萌发新枝，长势一般。

37078300076国槐

国槐 *Sophora japonica* L.，豆科，槐属。树龄约120年。

现位于孙家集街道呙宋台村南北街西侧，东经118° 74'，北纬36° 81'。树高11 m，胸围220 cm，东西冠幅10 m、南北冠幅8 m，平均冠幅9 m。树干下直上斜，主干6 m处向北倾斜，4 m处有树洞。主干树皮上呈现多处孔洞，存在病虫为害迹象（原有迹象），树皮颜色深褐色。该树上分四大主枝：第一主枝于主干4.5 m处向南生长，分枝角度45°，该枝又分两枝，一枝向西，一枝向东；第二主枝于主干5.5 m处向北，4 m处折断，该枝又分两枝，一枝向西，一枝东北；第三主枝于主干5.3 m处向西；第四主枝于主干6 m处向西，已折断，留0.2 m长的残茬。树冠近圆形，偏向北侧。

1977年，呙宋台遗址被定为省重点文物。台上原来有好几座庙，庙里还有成排的古松树，直径都将近一米，抗战时期都被毁了。此台传说是东晋时期燕国国主慕容氏为练兵筑起的，那些古树和古庙可能是建台时栽下的。

现在村里仅存的这一棵古槐在台子东侧不远处，是王继圣先祖所植。

37078300077国槐

国槐 *Sophora japonica* L.，豆科，槐属。树龄100余年。

现位于孙家集街道泽科村西南角，东经118° 64'，北纬36° 83'。树高12 m，胸围200 cm，东西冠幅8 m、南北冠幅8 m，平均冠幅8 m。树干通直，干高3 m，树皮深褐色。在树干西侧距地面1 m处有一直径45 cm的树瘤；南侧主干自上而下树皮脱落，裸露大片朽木；有一树洞，洞宽40 cm，高50 cm。该树呈“V”形分两大主枝：第一主枝向东，长势较旺，该枝又分五枝，分别向东南、东北、北侧生长；第二主枝向西南生长，该枝又分四枝，一枝干枯，其余向西生长。树冠近似圆形，长势中庸，东南部略显茂盛。

37078300078国槐

国槐 *Sophora japonica* L.，豆科，槐属。树龄约120年。

现位于孙家集街道泽科村西南侧空地，东经118° 64'，北纬36° 83'。树高12 m，胸围220 cm，东西冠幅9 m、南北冠幅9 m，平均冠幅9 m。树干微向南倾，树干基部东北方向开裂，长约60 cm，树皮灰褐色，干高3.5 m，在分枝点有南瓜状隆起。上分三大主枝：第一主枝在干高3 m处向西北斜上生长，该枝又分四枝，一枝向北，一枝向西斜下生长，两枝向西北伸展；第二主枝在干高2.5 m处向南斜上生长，该枝又分四枝，两枝向西，两枝向南；第三主枝在树干2.8 m处生出，在2003年8月份因强风暴雨折断，现留有一伤口。树冠偏向西南，形状不规则，长势良好。

37078300079国槐

国槐 *Sophora japonica* L.，豆科，槐属。树龄100余年。

现位于孙家集街道孙家集村东西街东段，东经118° 67'，北纬36° 83'。树高10 m，胸围203 cm，东西冠幅10 m、南北冠幅10 m，平均冠幅10 m。树干直立，中空；西侧有一开裂，开裂自根部开始，向上长约2.5 m，宽40 cm；树皮深褐色。上分两大主枝：第一主枝向东南生长，在1.5 m处折断，该枝又分两枝，分别向东、向西生长；第二主枝向上直立生长，该枝又分两枝，分别向西、向东南方向斜上生长。树冠近圆形，生长旺盛。

37078300080国槐

国槐 *Sophora japonica* L.，豆科，槐属。树龄约120年。

现位于稻田镇小南韩村东西街东头，东经118° 86'，北纬36° 79'。树高12 m，胸围210 cm，东西冠幅8 m、南北冠幅10 m，平均冠幅9 m。干高2.2 m，树干北侧有一"Λ"形树洞，基部宽50 cm，最窄处15 cm。上分两大主枝：第一主枝伸向东北，现已腐烂死亡；第二主枝伸向西南，在50 cm处萌生新枝。该树生长旺盛。

37078300081国槐

国槐 *Sophora japonica* L.，豆科，槐属。树龄约200年。

现位于侯镇挑沟村村西南朱培武空宅院内，东经119° 01'，北纬36° 99'。树高11 m，胸围280 cm，东西冠幅12 m、南北冠幅12 m，平均冠幅12 m。树干通直，西侧自下至分枝处全部开裂，裂宽45 cm，东侧有2处较小开裂，树皮深褐色。分布五大裸根，分别伸向东北、西北、南和东南方向。上分三大主枝：第一主枝伸向西北，于3.2 m处折断，该枝又分三枝，一枝向上生长，一枝伸向西，一枝伸向西北；第二主枝伸向西南，于1.2 m处分两枝；第三主枝伸向东北，该枝又分三枝，两枝向上生长，一枝伸向西北。树冠近似圆形，树势中庸。

37078300082国槐

国槐 *Sophora japonica* L.，豆科，槐属。树龄约140年。

现位于侯镇李家官庄村东西街后街，东经118° 92'，北纬37° 04'。树高10 m，胸围220 cm，东西冠幅13 m、南北冠幅12 m，平均冠幅12.5 m。树干直立，3 m以上略向北斜，树皮灰褐色。树干中空，西北方向有一长三角形开裂，高1.9 m，下部宽30 cm，树皮自基部右旋扭曲向上生长，树干基部南侧裸根明显。上分两大主枝：第一主枝向西北方向生长，3 m处干枯，该枝又分两枝，一枝向西南，一枝向北，向北的分枝已折断；第二主枝向东斜上生长，1.5 m处分叉、干枯，该枝又分三枝，一枝伸向东北，两枝伸向南。树冠近似圆形，生长旺盛。

37078300083国槐

国槐 *Sophora japonica* L.，豆科，槐属。树龄约200年。

现位于侯镇王家巷村旧址村碑旁，东经118° 96'，北纬36° 99'。树高11 m，胸围290 cm，东西冠幅12 m、南北冠幅11 m，平均冠幅11.5 m。干高3 m，向北微倾斜；树干东侧自基部有一宽40 cm，长3 m的长方形裂缝；树干中空，西北方向有一直径20 cm的圆形树洞。树干顶部原有主枝均已干枯，现有树枝大部分为后来萌发的新枝。树冠近似圆形，生长旺盛。

37078300084国槐

国槐 *Sophora japonica* L.，豆科，槐属。树龄约200年。

现位于侯镇李家河东村委西侧，东经118° 98'，北纬36° 98'。树高10 m，胸围290 cm，东西冠幅15 m、南北冠幅14 m，平均冠幅14.5 m。树干通直，树皮灰褐色，树东南方向无树皮；朽木裸露至分枝处，与成活部分分离；树干有一狭长树洞，现仅靠西北侧树体维持生长。树冠近似扇形，生长旺盛。

37078300085国槐

国槐 *Sophora japonica* L.，豆科，槐属。树龄约180年。

现位于侯镇王家辛章村村东韩应祥院前，东经119° 01'，北纬36° 96'。树高9 m，胸围269 cm，东西冠幅12 m、南北冠幅12 m，平均冠幅12 m。树干向东北倾斜，树干南侧从基部到干顶有裂缝，历经风雨沧桑，树皮尽显苍老。树冠近似圆形，生长旺盛。

37078300086国槐

国槐 *Sophora japonica* L.，豆科，槐属。树龄100余年。

现位于侯镇大地沟村南北路北段路东侧，东经119° 03'，北纬37° 00'。树高8 m，胸围180 cm，东西冠幅9 m、南北冠幅9 m，平均冠幅9 m。树干通直微向南倾斜，树干西南方向自基部到干顶开裂，裂缝宽度25 cm，树干腐烂、中空。上有四大分枝：第一枝向西横向生长；第二枝向西北斜上生长；第三枝向上直立生长，该枝为树冠中心枝；第四枝向东南斜上生长，在1 m处折断，留有残茬。树冠近似扇形，生长旺盛。

37078300087国槐

国槐 *Sophora japonica* L.，豆科，槐属。树龄100余年。

现位于侯镇大地沟村南北路中间路西，东经119° 03'，北纬37° 00'。树高6 m，胸围200 cm，东西冠幅7 m、南北冠幅7 m，平均冠幅7 m。原腐朽树干与现成活部分分离，干枯树干直立，在树冠处折断，靠西南侧树体维持生长，树皮深褐色。生出两分枝：一枝向东斜上生长；一枝向上直立生长，覆盖已干枯的树干。长势一般。

37078300088国槐

国槐 *Sophora japonica* L.，豆科，槐属。树龄约120年。

该树位于侯镇大地沟村于爱春院内，东经119° 03'，北纬37° 00'。树高12 m，胸围220 cm，东西冠幅10 m、南北冠幅10 m，平均冠幅10 m。树干通直，树皮深灰色，南侧有一长70 cm的裂缝，西侧有一长40 cm的裂缝。上分两大主枝：第一主枝向西北方向斜上生长，第二主枝向东北方向斜上生长。树冠近似圆形，长势较旺。

37078300089国槐

国槐 *Sophora japonica* L.，豆科，槐属。树龄约180年。

现位于侯镇东河南村南北街东侧，东经118° 97'，北纬36° 99'。树高8 m，胸围270 cm，东西冠幅10 m、南北冠幅8 m，平均冠幅9 m。干高3 m，树干自下而上有三道裂缝，其中南侧裂缝最大40 cm，东侧裂缝10 cm，其上部已分裂为三部分，从东边看像三棵树长在一起。原有主枝已干枯，现多为后萌发新枝。树势生长旺盛。

37078300090国槐

国槐 *Sophora japonica* L.，豆科，槐属。树龄约220年。

现位于侯镇东河南村南北路西30 m，东经118° 97'，北纬36° 98'。树高12 m，胸围300 cm，东西冠幅8 m、南北冠幅8 m，平均冠幅8 m。树干通直，树西侧基部有一“Λ”形孔洞。上有两大分枝：第一枝向东北斜上生长，于1.5 m处折断，留有残茬；第二枝向西南斜上生长。树冠椭圆形，长势良好。

37078300091国槐

国槐 *Sophora japonica* L.，豆科，槐属。树龄100余年。

现位于侯镇侯一村方言明院前，东经118° 97'，北纬36° 99'。树高9 m，胸围200 cm，东西冠幅12 m、南北冠幅10 m，平均冠幅11 m。干高1.7 m，树干中空，西南侧基部至干顶原腐朽树干与现成活部分分离，有一宽40 cm裂缝。上有两大分枝：第一枝向东生长，该枝又分两枝，一枝向南生长，一枝向北生长；第二枝向西生长。树冠近似圆形，生长旺盛。

37078300092国槐

国槐 *Sophora japonica* L.，豆科，槐属。树龄约140年。

现位于侯镇大道村最东侧南北路东20 m，东经118° 98'，北纬37° 00'。树高12 m，胸围230 cm，东西冠幅15 m、南北冠幅13 m，平均冠幅14 m。树干向东北倾斜，南侧离地2 m处有一空洞。该树分三大主枝，第一主枝向西南斜上生长，第二主枝向东北斜上生长，第三主枝向东南斜上生长。树冠近似圆形，生长旺盛。

37078300093国槐

国槐 *Sophora japonica* L.，豆科，槐属。树龄约220年。

现位于纪台镇殷家村东西街东段，东经118° 71'，北纬36° 74'。树高10 m，胸围239 cm，东西冠幅11 m、南北冠幅11 m，平均冠幅11 m。干高3.4 m，树干直立，树皮灰白色；南侧树体开裂，呈锥形，底宽1.4 m，可容2人有余，北侧开裂已愈合。现有两大主枝，均为新枝：第一枝伸向西北，该枝又分两枝，一枝向北下垂生长，一枝伸向西北；第二枝在主干东侧萌生，向上生长，该枝又萌生三个小枝。东北方向有一粗70 cm裸根。树冠向西北方向呈椭圆形偏冠。

37078300094国槐

国槐 *Sophora japonica* L.，豆科，槐属。树龄约220年。

现位于纪台镇青龙孙村东西街南侧，东经118° 77'，北纬36° 75'。树高12 m，胸围300 cm，东西冠幅11 m、南北冠幅9 m，平均冠幅10 m。树干直立，东北方向有一树洞，树干西侧多处没有树皮，最大的一处高1.7 m，树皮灰白色。该树原有的主枝大多已折断，现自主干萌生出许多新枝条，干顶一枝伸向东北，又生出两枝直立向上，远望形如椅子。长势良好。

37078300095国槐

国槐 *Sophora japonica* L.，豆科，槐属。树龄约140年。

现位于纪台镇青龙孙村南北街东侧，东经118° 77'，北纬36° 76'。树高16 m，胸围235 cm，东西冠幅11 m、南北冠幅10 m，平均冠幅10.5 m。树干3 m以下通直，3 m以上向东倾斜，中空，西北侧有一高2.4 m的愈合缝，树皮灰白色。上分五大主枝：第一主枝向西北生长；第二主枝向东斜上生长；第三主枝向南生长；第四主枝向南，留残茬；第五主枝向东，已折断。树冠椭圆形，生长茂盛。

村民介绍，此树是其祖先迁来时种下的，以后其他族也正是看到村中有古槐才定居此地的。古槐长在孙凤高家门前，而他儿时对古槐的记忆却满是心痛。“这棵树没少遭罪，我4岁时着了一次火，枯死了好几年，后来才长得好些了”，孙凤高说，“因树中空后成了马蜂的聚集区，村民常被马蜂蜇，顽皮的小孩就放火烧蜂窝，古槐也因之又被烧了一次，大人们得知后都极为心痛，把自家孩子狠狠揍了一顿。后来又发出新枝，活了过来，此后还越长越旺了。”

37078300096国槐

国槐 *Sophora japonica* L.，豆科，槐属。树龄约120年。

现位于纪台镇孟家村孟庆纯门前，东经118° 74'，北纬36° 77'。树高7 m，胸围200 cm，东西冠幅8 m、南北冠幅8 m，平均冠幅8 m。树干向西倾斜，南侧有一裂缝由南向东扭曲向上至干顶。根部最为突出，瘤状突起明显，犹如波涛起伏，宛若龙盘。上有两大分枝：一枝向南生长；一枝向西北方向斜上生长。树干东北部中间生出一新枝向东斜上生长。树冠近似圆形，生长旺盛。

37078300097国槐

国槐 *Sophora japonica* L.，豆科，槐属。树龄约160年。

现位于纪台镇李家官庄村原址，东经118° 75'，北纬36° 76'。树高8 m，胸围260 cm，东西冠幅8 m、南北冠幅8 m，平均冠幅8 m。树皮灰褐色。该树被埋入地下1 m，主干东南侧开裂、中空，裂缝上宽下窄，宽处50 cm，窄处20 cm，长达3 m。上分三大主枝：第一主枝向南，已折断，该枝又分两枝，均向南生长；第二主枝向东，已折断，该枝又分两枝，均向上生长；第三主枝向上，该枝又分两枝，一枝伸向北又折向东下垂生长，一枝伸向南又向上生长。树冠近似圆形，多为新生枝条，生长旺盛。

37078300098国槐

国槐 *Sophora japonica* L.，豆科，槐属。树龄100余年。

现位于纪台镇吕家一村南北街与东西街交叉口西，东经118° 71'，北纬36° 77'。树高11 m，胸围190 cm，东西冠幅11 m、南北冠幅12 m，平均冠幅11.5 m。树干通直、中空，北侧1.7 m以上有一处较大的开裂，缝高1.4 m，宽20 cm，树干下部有2处较小的不规则状开裂，树皮深褐色。上分两大主枝：一枝向东；一枝向西，该枝又分两枝，一枝向北，一枝伸向西南。树冠呈一巨大圆球状，生长茂盛。

37078300099国槐

国槐 *Sophora japonica* L.，豆科，槐属。树龄约140年。

现位于纪台镇吕家一村南北街与东西街交叉口西，东经118° 71'，北纬36° 77'。树高12 m，胸围230 cm，东西冠幅13 m、南北冠幅12 m，平均冠幅12.5 m。树干直立、中空；南侧距地面60 cm处有一树洞，高60 cm，宽32 cm；木质部腐烂成木屑，树皮淡褐色。上分四大主枝：第一主枝向南，该枝又分五枝；第二主枝向北，已折断，该枝基部生出一枝向北生长；第三主枝向东，该枝2 m处又生一枝，3.5 m处干枯；第四主枝向西南斜上生长。树冠呈圆球状，生长茂盛。

37078300100国槐

国槐 *Sophora japonica* L.，豆科，槐属。树龄约180年。

现位于纪台镇后曹村南北街路中间，东经118° 74'，北纬36° 78'。树高11 m，胸围270 cm，东西冠幅10 m、南北冠幅13 m，平均冠幅11.5 m。树干直立，向东侧倾斜，树皮灰褐色。主干多处没有树皮，露出干枯木质部，部分中空，南侧有一高1.5 m，宽15 cm左右的裂缝。该树原有六大主枝：第一主枝已折断，该枝又分两枝，一枝从主枝基部生出向西生长，于1.5 m处向上生长，一枝向南，30多年前被锯掉；第二主枝向西北生长；第三主枝向南生长；第四主枝向西生长；第五主枝向南，已干枯；第六主枝向北，已干枯。树冠微向西偏，东侧下部没有枝条，长势较旺。

37078300101国槐

国槐 *Sophora japonica* L.，豆科，槐属。树龄约140年。

现位于纪台镇远水村村东南空院内，东经118° 75'，北纬36° 79'。树高10 m，胸围240 cm，东西冠幅9 m、南北冠幅11 m，平均冠幅10 m。树干直立、中空，南侧开裂，现已愈合，中间裂缝宽17 cm，长90 cm，在主干3.8 m处有一因树枝折断腐烂形成的树洞，树皮深灰色。主干北侧有一疤痕，长60 cm，宽20 cm，没有树皮。上分三大主枝：第一主枝向南，梢头折断，该枝又分两枝，一枝向东南下垂，生长至2 m处折向西南向上，一枝从主枝基部生出向东生长；第二主枝向北，已折断，该主枝1.2 m处生出一枝，在30 cm处折断下垂至地面；第三主枝向东伸展。树冠近似椭圆形，长势较弱。

37078300102国槐

国槐 *Sophora japonica* L.，豆科，槐属。树龄100余年。

现位于纪台镇房家村东西街中央，东经118° 79'，北纬36° 75'。树高10 m，胸围180 cm，东西冠幅13 m、南北冠幅12 m，平均冠幅12.5 m。树干直立，树皮深灰色。上分四大主枝：第一主枝向南，在离基部2 m处折断，该枝又分三枝，伸向南、东南方向；第二主枝向西；第三主枝向东；第四主枝向北。树冠南低北高，呈椭圆形，生长茂盛。

37078300103国槐

国槐 *Sophora japonica* L.，豆科，槐属。树龄100余年。

现位于纪台镇纪西村孟令秋院前，东经118° 73'，北纬36° 75'。树高9 m，胸围180 cm，东西冠幅13 m、南北冠幅13 m，平均冠幅13 m。树干直立，树皮灰褐色。有三大分枝：第一分枝向东南方向斜上生长；第二分枝向西南方向斜上生长；第三分枝向北斜上生长。树冠近似圆形，生长旺盛。

37078300104国槐

国槐 *Sophora japonica* L.，豆科，槐属。树龄100余年。

现位于纪台镇吕家一村东西主街南侧小巷内，东经118° 71'，北纬36° 77'。树高11 m，胸围180 cm，东西冠幅11 m、南北冠幅13 m，平均冠幅12 m。树干直立，树皮灰褐色。主干中空，西侧基部、西南侧离地1 m处各有一树洞，多处无皮，最大的一处长约80 cm。树势中庸，树冠上大下小，生长良好。

37078300105国槐

国槐 *Sophora japonica* L.，豆科，槐属。树龄约260年。

现位于化龙镇辛店村村委西，东经118° 64'，北纬36° 97'。树高15.5 m，胸围335 cm，东西冠幅15 m、南北冠幅15 m，平均冠幅15 m。树干直立，腐烂中空，顶部有树洞。该树有三大主枝，分别朝东南、西南、北方向。树冠偏圆形，生长茂盛。

37078300106国槐

国槐 *Sophora japonica* L.，豆科，槐属。树龄约220年。

现位于化龙镇贾家村东西街中段路北侧空院，东经118° 64'，北纬36° 93'。树高10 m，胸围305 cm，东西冠幅15 m、南北冠幅15 m，平均冠幅15 m。树干通直、中空，主枝也大多腐烂、中空，树皮深褐色。上分六大主枝：第一主枝伸向东南，该枝又分三枝，一枝向上长，一枝向东南下垂生长，一枝平伸向东南；第二主枝向西；第三主枝伸向西北，该枝又分三枝，全部向上生长；第四主枝伸向东北，该枝又分两枝，一枝向北，一枝向东北；第五主枝向南；第六主枝伸向西北。该树六大主枝保存完整，层层叠叠，树冠近似圆形，生长茂盛。

37078300107国槐

国槐 *Sophora japonica* L.，豆科，槐属。树龄约120年。

现位于化龙镇贾家村贾庆年儿子院内，东经118° 64'，北纬36° 93'。树高10 m，胸围222 cm，东西冠幅12 m、南北冠幅12 m，平均冠幅12 m。树干中空，微向西南倾斜，被埋入地下1 m，树皮灰褐色。在北侧距地面40 cm处有一长50 cm，宽10 cm的树洞，据说，该树北侧树皮在1950年左右开裂，成人可自由出入，现已基本愈合。上分四大主枝：一主枝向东，已腐烂，该主枝基部向南生出一枝；一主枝向北，已死亡，留有残桩，该主枝基部伸向东北生出一枝；一主枝向东南；一主枝向西，该主枝又分两枝，一枝向东又折向北，一枝向西。树冠扁圆形，生长茂盛。

37078300108国槐

国槐 *Sophora japonica* L.，豆科，槐属。树龄100余年。

现位于化龙镇贾家村村北东西街中段贾众林空院内，东经118° 64'，北纬36° 93'。树高12 m，胸围195 cm，东西冠幅9 m、南北冠幅9 m，平均冠幅9 m。主干自地面向上、向西北倾斜，至4 m处弯向南，6 m处又弯向北倾斜，7 m处又弯向南倾，呈蛇状弯曲，树皮深褐色。该树现存六大主枝：一主枝在干高3 m处向北，一主枝在干高6 m处向北，一主枝在干高7 m处向东北，一主枝在干高8.5 m处向北，一主枝在干高9 m处向东，一主枝在干高9.2 m处向东北。整个树冠偏向北侧。

37078300109国槐

国槐 *Sophora japonica* L.，豆科，槐属。树龄约120年。

现位于化龙镇埠西一村东西街中段，东经118° 61'，北纬36° 93'。树高8 m，胸围220 cm，东西冠幅13 m、南北冠幅11 m，平均冠幅12 m。主干下宽上窄，下部中空，2 m以上向东微倾，西北侧开裂，有一近似三角形树洞，高1.7 m，底宽75 cm。据说，该树在50年前因刮大风，主干在离地面2 m处折断，现在2 m以上均为后期新生枝。该树有三大主枝：一主枝伸向西北，该枝又分两枝，均向东生长；一主枝伸向东北，该枝1 m处又生一枝，伸向西北；一主枝向正西生长。树冠微向东偏，近似圆球状。

37078300110国槐

国槐 *Sophora japonica* L.，豆科，槐属。树龄100余年。

现位于化龙镇丰城二村东西街东头南侧，东经118° 64'，北纬36° 93'。树高10 m，胸围195 cm，东西冠幅9 m、南北冠幅11 m，平均冠幅10 m。树干直立，树皮深褐色。上分六大主枝：其中一枝已干枯死亡；第二枝向西平伸；第三枝向东；第四枝在1.2 m处已断；第五枝向东，在该枝40 cm处分两枝，一枝向东北，一枝向南；第六枝向南。20世纪60年代曾因房屋及架设电线的需要，将南侧下垂枝及上部树枝锯掉。树冠近似扇形。

37078300111国槐

国槐 *Sophora japonica* L.，豆科，槐属。树龄100余年。

现位于化龙镇丰城二村南北路东侧，东经118° 63'，北纬36° 94'。树高9 m，胸围187 cm，东西冠幅10 m、南北冠幅10 m，平均冠幅10 m。树干通直，基部西南侧有一树洞，西北侧离地70 cm处有一椭圆形裂缝，树皮深褐色，树身紧贴房屋，上分两大主枝：一主枝向北；一主枝向南。该树损伤严重，两大主枝只留残茬，现枝条多为新枝，长势较旺。

37078300112国槐

国槐 *Sophora japonica* L.，豆科，槐属。树龄约160年。

现位于化龙镇丰城二村南北路东侧空地，东经118° 63'，北纬36° 94'。树高12 m，胸围260 cm，东西冠幅13 m、南北冠幅11 m，平均冠幅12 m。树干直立，有裂缝，中空，北侧树皮1.6 m处向上开裂，长80 cm，中间最宽处40 cm。通身树皮褐色。上分三大主枝：一主枝东南，该主枝又分两枝，一枝向南，一枝向东南；一主枝向西南；一主枝向北。树冠微偏向东南，近似圆形。

37078300113国槐

国槐 *Sophora japonica* L.，豆科，槐属。树龄100余年。

现位于化龙镇辛店村东西街中间路段北侧，东经118° 64'，北纬36° 97'。树高8 m，胸围200 cm，东西冠幅11 m、南北冠幅9 m，平均冠幅10 m。主干东南侧从基部至干顶全部开裂，裂缝宽度为20 cm，树干腐烂、中空；西北侧离地50 cm处有一椭圆形空洞，与对面开裂处可透视。树皮深褐色，树冠偏圆形，生长茂盛。

37078300114国槐

国槐 *Sophora japonica* L.，豆科，槐属。树龄约120年。

现位于化龙镇辛店村南北大街中段东王春田院前，东经118° 64'，北纬36° 97'。树高12 m，胸围206 cm，东西冠幅16 m、南北冠幅18 m，平均冠幅17 m。此树为清代末年所植，树干通直，树皮灰褐色，叶片较小。上分三大主枝：一主枝向南，已干枯，该主枝基部生出一枝，向上生长；一主枝向东，枝头已干枯，该枝基部又生一枝，向北伸展；一主枝向西北，已干枯。该树虽主枝干枯，但其二次枝和萌生新枝生长茂盛，树冠圆形。

37078300115国槐

国槐 *Sophora japonica* L.，豆科，槐属。树龄约160年。

现位于化龙镇辛店西村张万财院内，东经118° 64'，北纬36° 97'。树高8 m，胸围260 cm，东西冠幅13 m、南北冠幅13 m，平均冠幅13 m。树干通直，在主干东北角2.5 m处和北侧3 m处各有一树洞，树皮灰褐色。上分四大主枝：第一主枝伸向东北，已干枯，在其基部生出一枝，该枝在主枝1.1 m处向上伸展，又折向东下垂；第二主枝伸向西，梢头已折断，在该枝2 m处生出一枝，伸向南；第三主枝伸向南，该枝又生两枝，一枝西南，一枝东南；第四主枝在主干3.3 m处向上生长，该枝又生一枝，微向西北。该树生长茂盛，下垂枝条较多，树冠呈巨大圆形。

据介绍，过去中空的树干中经常发现花蛇，还有的花蛇盘在树干上，以树洞为窝，捕食树洞里藏身的老鼠，最粗的有小孩手臂那么粗。因为深信"老槐树有灵"之说，春旱时，张万财家每年都特意用水浇一次老槐树，每逢年节都要祭拜。

37078300116国槐

国槐 *Sophora japonica* L.，豆科，槐属。树龄约140年。

现位于化龙镇三合村东西街路北，东经118° 64'，北纬36° 98'。树高10 m，胸围235 cm，东西冠幅8 m、南北冠幅10 m，平均冠幅9 m。树干通直，在北侧开裂，经多年生长已愈合，现留有2个树洞；西北侧离地表80 cm以上有一疤痕，没有树皮；据介绍，该树被埋入地下1.3 m，树皮灰褐色。在树干西北侧基部有一直径15 cm左右的树瘤。上分两大主枝：第一主枝伸向西北，只留残茬；第二主枝向上偏东，又分两枝，一枝向东斜上生长，一枝向上偏向北生长。树冠偏向南侧。

37078300117枣树

枣树 *Zizyphus jujuba* Mill.，鼠李科，枣属。树龄约140年。

现位于化龙镇三合村东西街广场北侧，东经118° 64'，北纬36° 98'。树高10 m，胸围155 cm，东西冠幅7 m、南北冠幅7 m，平均冠幅7 m。树干通直，干基部东侧有一裂缝，干高1.5 m，1.5 m处分南北两大主枝。生长旺盛。

37078300118国槐

国槐 *Sophora japonica* L.，豆科，槐属。树龄100余年。

现位于化龙镇蔺家庄村蔺元春院内，东经118° 65'，北纬36° 97'。树高12 m，胸围190 cm，东西冠幅9 m、南北冠幅9 m，平均冠幅9 m。树干微向北弯曲、中空；主干西北面1.3 m以上开裂，长50 cm，宽约10 cm；南侧2.5 m处有一残茬。上分两个主枝均已折断，现枝条多为新萌生枝条。树冠近似圆形，生长旺盛。

37078300119国槐

国槐 *Sophora japonica* L.，豆科，槐属。树龄约120年。

现位于化龙镇裴家岭村村碑西旧址，东经118° 55'，北纬36° 99'。树高7 m，胸围220 cm，东西冠幅9 m、南北冠幅9 m，平均冠幅9 m。干高5 m，树干通直。上分东、西两大主枝，都在离基部2 m处干枯，现多为萌发新枝。树势较好。

37078300120国槐

国槐 *Sophora japonica* L.，豆科，槐属。树龄约140年。

现位于化龙镇务本村村南东西街与南北巷交叉口，东经118° 57'，北纬36° 97'。树高7 m，胸围225 cm，东西冠幅11 m、南北冠幅13 m，平均冠幅12 m。树干通直，西北侧距离地面30 cm处有一椭圆形孔洞，树干西侧分枝点处树干腐烂、中空。有三个分枝：第一分枝向南斜上生长；第二分枝向东斜上生长；第三分枝向北斜上生长。树冠近似圆形，生长旺盛。

37078300121国槐

国槐 *Sophora japonica* L.，豆科，槐属。树龄100余年。

现位于化龙镇魏家村村委会前，东经118° 57'，北纬36° 96'。树高11 m，胸围200 cm，东西冠幅10 m、南北冠幅10 m，平均冠幅10 m。树皮灰褐色，主干较直，北侧离地1 m处往上开裂，长度1.5 m左右，树干中空。上分五大主枝：第一主枝向北斜上生长，离基部1.5 m处下垂，在4.2 m处折断、干枯；第二主枝向西斜上生长，在离基部2 m处分三枝，分别向北、向西、向南生长；第三主枝已折断，留残茬，在基部生出一枝伸向南方；第四主枝伸向东，该主枝又分两枝，一枝向上，一枝偏东，已折断；第五主枝向北斜上生长，上侧开裂、中空。树冠近似圆形，长势较好。

37078300122国槐

国槐 *Sophora japonica* L.，豆科，槐属。树龄约200年。

现位于化龙镇鲍家村鲍义云院内，东经118° 59'，北纬36° 99'。树高18 m，胸围290 cm，东西冠幅16 m、南北冠幅16 m，平均冠幅16 m。树干通直、中空，在分枝点有一孔洞，后被人用水泥封住，上书“寿”字。树皮粗糙，纵向裂痕较深，灰褐色。上分三大主枝：第一主枝向西，在离基部1 m处干枯，该主枝又分两枝，一枝向北，一枝向西；第二主枝向西斜上生长，在离基部9 m处下垂，该主枝又分三枝，一枝干枯，一枝向西伸展又折向北，一枝向北；第三主枝向南斜上生长，树皮开裂，该主枝又分两枝，一枝偏南，一枝向上。树冠形如巨伞，生长茂盛。

37078300123国槐

国槐 *Sophora japonica* L.，豆科，槐属。树龄约220年。

现位于上口镇东堤村后街与南北街交叉口，东经118° 87'，北纬36° 97'。树高7 m，胸围295 cm，东西冠幅8 m、南北冠幅8 m，平均冠幅8 m。老树干直立、干枯、中空，木质部大部分脱落，经人工复原加固成原貌；仅留西北侧树皮，最窄处40 cm，最宽处110 cm。该树原树枝均已不在，现树冠为枯后新枝组成，呈椭圆形。相传建村前已有该树，后经该村西北一户村民出资维护后，枯后新生。

37078300124国槐

国槐 *Sophora japonica* L.，豆科，槐属。树龄约200年。

现位于上口镇后牟邵村东西街与南北街交叉口西，东经118° 89'，北纬36° 93'。树高10 m，胸围280 cm，东西冠幅16 m、南北冠幅15 m，平均冠幅15.5 m。树干弯曲呈“S”形，部分中空，北侧根部有三角形树洞，树皮深褐色。现有两大裸根，一根东北方向，一根东南方向。上分三大主枝：第一主枝伸向东北，该主枝又分两枝，一枝向北，一枝向东；第二主枝向南；第三主枝向南。树冠近似圆形，长势旺盛。

据介绍，现存古树为原地上部分失火死亡后根部新生。

37078300125国槐

国槐 *Sophora japonica* L.，豆科，槐属。树龄约140年。

现位于上口镇河疃村后街东西街，东经118° 86'，北纬36° 95'。树高11 m，胸围220 cm，东西冠幅13 m、南北冠幅12 m，平均冠幅12.5 m。树干直立，在西北侧离地表50 cm处有一开裂，长155 cm，宽35 cm；木质部已腐烂，形成树洞；东南侧1 m以上有开裂，树皮灰褐色。上分三大主枝，其中二主枝均向上斜生，状如牛角：第一主枝伸向东南，已折断；第二主枝伸向北，又扭曲至东北方向；第三主枝伸向西南。树冠近似圆形，向北偏冠，长势较旺。

37078300126国槐

国槐 *Sophora japonica* L.，豆科，槐属。树龄约180年。

现位于上口镇兴旺庄村南北路中段路西侧，东经118° 86'，北纬36° 99'。树高6 m，胸围270 cm，东西冠幅11 m、南北冠幅11 m，平均冠幅11 m。树干高2.5 m，基部北侧有一长形树洞。最下层伸向西侧的树枝已枯死，上部及伸向东北方向的树枝顶端也已干枯死亡，其余大部为新萌发枝。树形呈半冠形，长势一般。

37078300127国槐

国槐 *Sophora japonica* L.，豆科，槐属。树龄约140年。

现位于上口镇兴旺庄村南北路北头路西，东经118° 86'，北纬36° 99'。树高8 m，胸围240 cm，东西冠幅13 m、南北冠幅13 m，平均冠幅13 m。树干高2.5 m，树干通体直立，树干顶端东南侧有一圆形孔洞，近几年从洞中长出一棵泡桐，生长茂盛，已在古槐树冠西侧形成较大树冠。

37078300128国槐

国槐 *Sophora japonica* L.，豆科，槐属。树龄约140年。

现位于田柳镇田柳村村东南南北巷，东经118° 79'，北纬37° 00'。现树高18 m，胸围220 cm，东西冠幅12 m、南北冠幅12 m，平均冠幅12 m。树皮灰色，树干呈“S”形弯曲，在树干的基部有两个树洞，南北贯通。上分两大主枝：第一主枝位于北侧向上生长，在离基部2.6 m处折断；第二主枝向南生长，该主枝又分三枝，分别向东南、西北、南方向生长。枝条多直立向上，长势较旺。

据村内老人描述，20世纪30年代，中空的树洞能藏进4个人，树冠遮蔽着附近6座宅子。

37078300129国槐

国槐 *Sophora japonica* L.，豆科，槐属。树龄约160年。

现位于田柳镇北王里村原小学院内，东经118° 82'，北纬36° 97'。树高12 m，胸围260 cm，东西冠幅14 m、南北冠幅16 m，平均冠幅15 m。树干上细下粗，向北倾斜。在主干南侧自地表直至干顶全部开裂，内部中空。上分两大主枝：第一主枝向西北，已断；第二主枝向北，斜上生长，该主枝又分三枝，一枝向西，一枝向南，一枝向北斜上生长。树冠近似圆形，微向北偏冠。

37078300130国槐

国槐 *Sophora japonica* L.，豆科，槐属。树龄约200年。

现位于田柳镇阎家庄子村西北角空地，东经118° 83'，北纬36° 99'。树高8 m，胸围170 cm，东西冠幅12 m、南北冠幅10 m，平均冠幅11 m。树干自西向东倾斜向上生长，东侧由水泥墙进行支撑。干体残缺不全，有3处裂缝；干体与南侧树皮剥离，已腐烂，仅靠南侧小部分树皮维持生长。该树共有三大主枝：第一主枝已折断，留有残茬，该主枝又分两枝，其中一枝从主枝基部向东北生长，1.5 m后折向西，如龙盘，将枯树干围抱，另一枝向东南平伸；第二主枝向西折断，留有50 cm残桩；第三主枝向西南折断，只留残茬。冠似圆形。

37078300131枣树

枣树 *Zizyphus jujuba* Mill.，鼠李科，枣属。树龄约120年。

现位于田柳镇邢姚一村银行西第二条南北路南50 m路西，东经118° 83'，北纬37° 02'。树高8 m，胸围140 cm，东西冠幅7 m、南北冠幅7 m，平均冠幅7 m。树干通直，树皮深褐色。主干2 m处分两大主枝：第一主枝向西北，该枝又分两枝，一枝向西，50 cm处折向南，一枝向北；第二主枝向北，该枝又分两枝，一枝向东，一枝向南。长势较弱。

37078300132枣树

枣树 *Zizyphus jujuba* Mill.，鼠李科，枣属。树龄约120年。

现位于田柳镇邢姚一村银行西第二条南北路南50 m路西，东经118° 83'，北纬37° 02'。树高8 m，胸围140 cm，东西冠幅6 m、南北冠幅6 m，平均冠幅6 m。树干通直，树皮深褐色。树冠近似椭圆形，长势较弱。

37078300133国槐

国槐 *Sophora japonica* L.，豆科，槐属。树龄约140年。

现位于田柳镇常家庄村村东北常传龙院内，东经118° 78'，北纬37° 04'。树高12 m，胸围226 cm，东西冠幅12 m、南北冠幅12 m，平均冠幅12 m。树干直立，有多处小树洞，现已被人工堵填修补，部分主枝中空，树皮灰褐色。该树2.2 m处呈“V”形，上分两大主枝：第一主枝伸向西北，该主枝又分三枝，一枝西南，两枝向西；第二主枝伸向东北，在5 m处断头，该主枝又生两枝，一枝向北，一枝向上。树冠东西长、南北短，近似椭圆形。

37078300134国槐

国槐 *Sophora japonica* L.，豆科，槐属。树龄约160年。

现位于田柳镇芦家庄村东南空地，东经118° 79'，北纬37° 01'。树高12 m，胸围253 cm，东西冠幅17 m、南北冠幅15 m，平均冠幅16 m。树干通直，树皮灰色。该树保护较好，仅在东南侧下部有一小块缺皮。有三大主枝：一主枝东北；一主枝西北；一主枝向南，该主枝有折断痕迹，现已基本愈合，该主枝又分三枝，分别向西、西南、东南方向生长。整个树冠内下垂枝条较多，北侧枝条下垂至地面。

37078300135国槐

国槐 *Sophora japonica* L.，豆科，槐属。树龄约220年。

现位于田柳镇崔家庄村东北角东西小巷内，东经118° 79'，北纬37° 01'。树高10 m，胸围300 cm，东西冠幅14 m、南北冠幅14 m，平均冠幅14 m。树皮灰褐色，干直，干体腐烂、中空，南侧原树干干枯，现仅北侧树体存活；在2003年8月份刮大风时，位于南侧的一大主枝断裂，形成较大树洞。原有主枝均干枯断裂，现有枝条多为萌发的新枝，向四周生长，长势良好。

37078300136国槐

国槐 *Sophora japonica* L.，豆科，槐属。树龄约140年。

现位于田柳镇崔家庄村村东，南北街北端路西，东经118° 78'，北纬37° 01'。树高6 m，胸围177 cm，东西冠幅8 m、南北冠幅8 m，平均冠幅8 m。树干向南弯曲倾斜，树皮灰褐色，北侧树皮剥落，树干木质部大部分腐烂、中空，仅靠南侧树体维持生长。现存一大主枝向南伸展，在1.3 m处折断，该枝又分三枝，一枝向西，一枝向西南，一枝向东南。树冠状如半圆形。

37078300137国槐

国槐 *Sophora japonica* L.，豆科，槐属。树龄约140年。

现位于田柳镇崔家庄村东西街西头，东经118° 78'，北纬37° 01'。树高9 m，胸围240 cm，东西冠幅15 m、南北冠幅13 m，平均冠幅14 m。树干通直，树皮深褐色，主干中空，东南侧自下而上没有树皮，开裂，露出朽木，主干离地3 m处有一主枝于2003年8月折断，形成树洞。因修路地面下挖，该树露出五大裸根，粗度为30～50 cm，分别向东、南、西、北四面伸入地下。现存一大主枝向东伸展，该枝又分两枝，一枝向北生长，一枝向东南生长。树冠近似圆形，上侧树冠微向北偏，生长茂盛。

37078300138国槐

国槐 *Sophora japonica* L.，豆科，槐属。树龄100余年。

现位于田柳镇西兴王村东西街，东经118° 75'，北纬36° 99'。树高10 m，胸围192 cm，东西冠幅15 m、南北冠幅13 m，平均冠幅14 m。主干向西弯曲，局部有树洞，树皮深褐色。该树分四大主枝，部分主枝中空：第一主枝只留残桩，该枝基部生出一枝，向东平伸；第二主枝只留残桩，该枝基部生出一枝向东；第三主枝向南，离基部4.8 m处折断，该枝又生两枝，一枝向上，一枝向东；第四主枝向北，又生一枝向东。树冠向西倾，呈伞状，生长旺盛。

37078300139国槐

国槐 *Sophora japonica* L.，豆科，槐属。树龄约200年。

现位于田柳镇西王高村张信基院内，东经118° 75'，北纬36° 99'。树高17 m，胸围290 cm，东西冠幅13 m、南北冠幅13 m，平均冠幅13 m。树干通直，树皮深灰色。主干2 m以上中空，有一树洞。主干上分五大主枝：第一主枝向南，只留残桩；第二主枝于主干3.2 m处向北，该枝基部曾生出一枝，现只留残桩；第三主枝于主干4.5 m处伸向西南，在3.5 m处折断，该枝又生两枝，一枝向西，在1 m处折断，一枝向上伸展；第四主枝于主干7 m处，伸向南，离基部2.5 m处折断，该枝又分两枝，一枝向东，一枝向西南；第五主枝于主干10 m处，向东斜上生长。树冠圆球状，长势旺盛。

37078300140国槐

国槐 *Sophora japonica* L.，豆科，槐属。树龄约160年。

现位于田柳镇田柳村村委会西侧，南北街中段，东经118° 79'，北纬37° 00'。树高12 m，胸围255 cm，东西冠幅15 m、南北冠幅14 m，平均冠幅14.5 m。树皮灰色，主干自东向西倾斜，离地2.5 m处弯向西面，至3.5 m处又向上弯曲。主干东侧从基部至顶全部开裂，内部腐烂形成树洞。原有三大主枝：第一主枝向北，离基部3 m处折断，该主枝上又萌生三枝，伸向北方；第二主枝向南，是该树留存的唯一原枝，该主枝又分两枝，向南生长；第三主枝向西，离基部60 cm处折断，其基部生出一枝，向西伸展。树冠微向西侧偏冠。

37078300141国槐

国槐 *Sophora japonica* L.，豆科，槐属。树龄约220年。

现位于营里镇南单村东西街西端路南侧，东经118° 91'，北纬37° 10'。树高15 m，胸围305 cm，东西冠幅18 m、南北冠幅19 m，平均冠幅18.5 m。树干通直，干基部西北侧离地50 cm处有一菱形树洞，长60 cm，宽30 cm；东南侧距地面1.6 m以上因主枝折断，树干腐烂中空。树皮深褐色，该树下分布五大裸根。该树上分三大主枝，全部中空：第一主枝向西2 m处分两枝，一枝西南，一枝向北；第二主枝向北，折断，该枝基部上侧生一枝；第三主枝向东南，主枝干枯，该主枝离基部1.6 m处生出一枝，向南。树冠较大，呈椭圆形。

37078300142国槐

国槐 *Sophora japonica* L.，豆科，槐属。树龄约200年。

现位于营里镇九曲村南北路东侧，东经118° 82'，北纬37° 08'。树高12 m，胸围285 cm，东西冠幅12 m、南北冠幅11 m，平均冠幅11.5 m。树干通直，西北方向5 m处原有的一枝折断，由于年久腐烂，形成孔洞，孔洞已用水泥封堵，同高度南侧也有一树洞用水泥封堵。树皮深褐色。上分三大主枝：第一主枝向东倾斜向上；第二主枝伸向东南；第三主枝伸向西南。树冠近似圆形，略向东偏，枝叶生长茂盛。

据传，这棵树是立村时栽下的。

37078300143国槐

国槐 *Sophora japonica* L.，豆科，槐属。树龄约240年。

现位于营里镇东中疃村村东南，东经118° 78，北纬37° 06'。树高7 m，胸围290 cm，东西冠幅11 m、南北冠幅12 m，平均冠幅11.5 m，树皮灰色。树干高2 m，东南侧自上而下树干木质部腐烂中空，裸露大片干枯朽木，古树原树枝全部干枯脱落，现有侧枝自树干基部40 cm开始向上生长，均为后来萌发的新枝。树冠近似蘑菇形覆盖至地，生长旺盛。

37078300144国槐

国槐 *Sophora japonica* L.，豆科，槐属。树龄约220年。

现位于营里镇北单村东西街南侧，东经118° 91'，北纬37° 10'。树高10 m，胸围299 cm，东西冠幅11 m、南北冠幅13 m，平均冠幅12 m。树干直立，干高2 m，树干顶端分枝处东侧有一树洞，洞口裸露朽木。树势生长旺盛。

37078300145国槐

国槐 *Sophora japonica* L.，豆科，槐属。树龄约160年。

现位于营里镇北单村银行西南北巷，东经118° 91'，北纬37° 10'。树高13 m，胸围251 cm，东西冠幅11 m、南北冠幅11 m，平均冠幅11 m。树干高2.8 m。树干较直、中空，树干东侧有一宽50 cm的裂缝，可容一人有余。分南北四大主枝，基部多腐烂有树洞，基径均超30 cm。树势生长旺盛。

37078300146国槐

国槐 *Sophora japonica* L.，豆科，槐属。树龄约120年。

现位于营里镇工家圈子村旧址，东经118° 93'，北纬37° 05'。树高10.5 m，胸围218 cm，东西冠幅10 m、南北冠幅11 m，平均冠幅10.5 m。树干倾斜，树干腐烂、中空，北侧有一长1 m，宽30 cm的裂缝，树北侧分枝点有一椭圆形树洞。分三大主枝：第一主枝向东斜上生长，该枝又分三枝；第二主枝直立向上生长，该主枝又分三枝；第三主枝向西斜上生长，该主枝又分两枝，一枝向上，一枝向西且已折断，留有残桩。树冠近似扇形。

37078300147国槐

国槐 *Sophora japonica* L.，豆科，槐属。树龄约140年。

现位于营里镇北单村单悌顺院内，东经118° 90'，北纬37° 10'。树高11 m，胸围225 cm，东西冠幅9 m、南北冠幅9 m，平均冠幅9 m。树干通直，树皮灰褐色。有两大分枝，一枝向北侧生长，一枝向南侧生长。树势生长旺盛。

37078300148国槐

国槐 *Sophora japonica* L.，豆科，槐属。树龄约140年。

现位于营里镇西北河村村东头南北路东侧，东经118° 83'，北纬37° 09'。树高11 m，胸围240 cm，东西冠幅12 m、南北冠幅14 m，平均冠幅13 m。树干上段弯曲微向东北，树干腐烂、中空。树干西侧中部有1个长条形树洞；顶部分枝处，西南方向有2处树洞。有三大枝：第一枝向南斜上生长；第二枝向东斜上生长；第三枝向北斜上生长。树冠近似圆形，生长茂盛。

37078300149国槐

国槐 *Sophora japonica* L.，豆科，槐属。树龄约160年。

现位于营里镇郝家柳杭村郝桂松空院，东经118° 83'，北纬37° 07'。树高9 m，胸围255 cm，东西冠幅9 m、南北冠幅9 m，平均冠幅9 m。树干向东南倾斜，树皮灰褐色；树干西侧呈“V”形开裂，中间用砖块填充。分两侧枝：一枝向南斜上生长；一枝向东北方向斜上生长。树冠近似圆形，生长良好。

37078300150国槐

国槐 *Sophora japonica* L.，豆科，槐属。树龄约140年。

现位于营里镇东中疃村村东南水库西侧空院，东经118° 78'，北纬37° 06'。树高12 m，胸围230 cm，东西冠幅12 m、南北冠幅12 m，平均冠幅12 m。树干通直，树皮深褐色，树干南侧中部有一长条裂缝，主枝基部也有空洞。该树上分四大主枝：第一主枝在向北离基部60 cm处折断，在该主枝离基部50 cm处分两枝，一枝向东北，另一枝向西；第二主枝向北生长，上分三枝，分别向西、东、西北方向生长；第三主枝向南，该主枝离基部2.5 m处分两枝，一枝向南，一枝向上；第四主枝向东，现只留残茬。树冠呈扁圆形，长势茂盛。

37078300151国槐

国槐 *Sophora japonica* L.，豆科，槐属。树龄约200年。

现位于营里镇周家村村东南北路与东西街交汇处，东经118° 89'，北纬37° 08'。树高11 m，胸围280 cm，东西冠幅12 m、南北冠幅10 m，平均冠幅11 m。树干通直，木质部腐烂、中空，基部木质腐烂形成孔洞，南侧木质部与树皮分离，裂缝自基部直至干顶，树皮深褐色。上分两大主枝，其基部有枯枝残桩，腐烂成洞：第一主枝在向东2 m处干枯折断，该主枝又分三枝，一枝向南断头，一枝向上，一枝向东平伸；第二主枝向上生长，该枝又分两枝，一枝向上，一枝向上偏南，在离基部1.5 m处折断。冠微向北偏，近似圆形。

37078300152国槐

国槐 *Sophora japonica* L.，豆科，槐属。树龄100余年。

现位于营里镇北单村东西街西端南侧，东经118° 90'，北纬37° 10'。树高10 m，胸围185 cm，东西冠幅10 m、南北冠幅10 m，平均冠幅10 m。树干通直，树干东南侧基部有一长条裂缝，裸露朽木。干高3.5 m。树势生长茂盛，由于南侧房屋阻挡，树冠向北偏冠。

37078300153国槐

国槐 *Sophora japonica* L.，豆科，槐属。树龄100余年。

现位于营里镇北南河村王照贤院内，东经118° 81'，北纬37° 07'。树高10 m，胸围180 cm，东西冠幅12 m、南北冠幅10 m，平均冠幅11 m。树干较直，微向南倾斜，树干东侧中间有一椭圆形树洞，树皮深褐色。树冠近似圆形，生长衰弱。

37078300154国槐

国槐 *Sophora japonica* L.，豆科，槐属。树龄约220年。

现位于台头镇三座楼村刘松龄院内，东经118° 58'，北纬37° 05'。树高13 m，胸围300 cm，东西冠幅11 m、南北冠幅11 m，平均冠幅11 m。树干直立，树皮灰褐色，西北侧靠近分枝处有一树洞。该树有四大分枝：第一分枝向西南方向，已折断，留有残桩；第二分枝向东北方向生长，该分枝干枯、折断，留有残桩；第三分枝直立向上生长，该分枝又分两枝，一枝直立向上，另一枝向西南方向斜上生长；第四分枝向东方向生长，该分枝已折断，现为新发枝条。树冠近似扇形，长势茂盛。

据户主介绍，其祖先建立了三座楼村，建村时栽植此树。

37078300155国槐

国槐 *Sophora japonica* L.，豆科，槐属。树龄约260年。

现位于台头镇三座楼村村委以西，南北路中间，东经118° 57'，北纬37° 05'。树高7 m，胸围335 cm，东西冠幅9 m、南北冠幅9 m，平均冠幅9 m。树干中空，树干周围有多处干枯木质部与现存活树体分离，形成较大裂缝；原树枝均已折断，现为后来萌发的新枝。树冠近似圆形，长势中庸。

37078300156枣树

枣树 *Zizyphus jujuba* Mill.，鼠李科，枣属。树龄约120年。

现位于台头镇三座楼村村西空闲地，东经118° 57'，北纬37° 05'。树高7.5 m，胸围111 cm，东西冠幅11 m、南北冠幅11 m，平均冠幅11 m。此树患“枣疯病”严重，长势衰弱。

37078300157国槐

国槐 *Sophora japonica* L.，豆科，槐属。树龄约140年。

现位于台头镇北蔺家村南北街中段，东经118° 69'，北纬37° 02'。树高12 m，胸围227 cm，东西冠幅12 m、南北冠幅12 m，平均冠幅12 m。干形较直，1.5 m处微向西倾斜，树干部分中空，树皮淡褐色。南侧离地60 cm处有一个70 cm × 25 cm的纺锤形树洞，树干顶端西侧也有一树洞，树干西南侧离地2.5 m处有一直径54 cm圆形断桩。该树上分两大主枝：第一主枝位于主干2.8 m处，向西北平伸，离基部3.8 m处断头，该主枝又分四枝，一枝位于主枝基部，向北平伸，离基部2.6 m处折断，一枝位于主枝2 m处，向西平伸，树梢折断，其他两枝位于主枝3 m处，向上直立生长；第二主枝位于主干2.8 m处，向上直立生长，该主枝又分两枝，都位于主枝1 m处，分别向南、向北斜上生长。树冠近圆形，南北方向微长，生长茂盛。

37078300158国槐

国槐 *Sophora japonica* L.，豆科，槐属。树龄约140年。

现位于台头镇李王村东西街西端，东经118° 67'，北纬37° 01'。树高10 m，胸围240 cm，东西冠幅9 m、南北冠幅9 m，平均冠幅9 m。主干向北倾斜约30° ，南侧自基部至干顶全部开裂，裂缝下宽上窄，干中空，树皮深褐色。上分四大主枝：第一主枝向北，离基部1 m处折断，该主枝又生一枝，伸向东北；第二主枝向东，近干枯，离基部1.5 m处下垂；第三主枝向上直立生长；第四主枝向西，离基部1.8 m处折断，该主枝又生两枝，一枝向西北下垂生长，一枝向上生长。树冠扁圆形，微向南偏冠。

37078300159国槐

国槐 *Sophora japonica* L.，豆科，槐属。树龄100余年。

现位于台头镇南台头村东西街与南北巷褚伟家对面，东经118° 66'，北纬37° 01'。树高13 m，胸围195cm，东西冠幅12 m、南北冠幅12 m，平均冠幅12 m。树干较直，微向南倾，树皮灰褐色。该树上分三大主枝：一枝西北、一枝东北、一枝向南。向南枝在离基部30 cm处折断，该枝又分三枝，两枝向南，一枝向南、偏西斜上生长。树冠圆形，生长茂盛。

37078300160国槐

国槐 *Sophora japonica* L.，豆科，槐属。树龄约180年。

现位于台头镇后赵埠村郝俊杰院内，东经118° 64'，北纬37° 00'。树高10 m，胸围263 cm，东西冠幅11 m、南北冠幅13 m，平均冠幅12 m。树干通直，树皮淡褐色，有三大主枝：第一主枝向东南方向，该主枝又分三枝，一枝向东北方向斜上生长，一枝向东斜上生长，一枝向东已枯死，留有残桩；第二主枝向北斜上生长，该主枝又分三枝；第三主枝向西横向生长。树冠圆形，生长旺盛。

37078300161国槐

国槐 *Sophora japonica* L.，豆科，槐属。树龄100余年。

现位于台头镇三益村东西街中间，东经118° 60'，北纬37° 04'。树高7 m，胸围200 cm，东西冠幅12 m、南北冠幅10 m，平均冠幅11 m。树干向西倾斜，树干有一裂缝从东侧扭曲上升至南侧，裸露大片干枯木质部；树皮深褐色，树干南侧分枝点处腐烂、中空。树冠椭圆形，生长茂盛。

37078300162国槐

国槐 *Sophora japonica* L.，豆科，槐属。树龄约160年。

现位于台头镇一座楼村王重庆空院内，东经118° 60'，北纬37° 05'。树高9 m，胸围250 cm，东西冠幅6 m、南北冠幅8 m，平均冠幅7 m。树干直立，树皮深灰色。有两分枝：一枝向北斜上生长，一枝向南斜上生长。树冠近似圆形，生长茂盛。

37078300163国槐

国槐 *Sophora japonica* L.，豆科，槐属。树龄约120年。

现位于台头镇三座楼村刘松成院内，东经118° 58'，北纬37° 05'。树高8 m，胸围210 cm，东西冠幅7 m、南北冠幅7 m，平均冠幅7 m。树干直立，南侧无树皮，树干开裂，裸露大片干枯木质部，树干基部南侧腐朽严重，靠北侧树体生长。树冠圆形，生长良好。

37078300164国槐

国槐 *Sophora japonica* L.，豆科，槐属。树龄100余年。

现位于双王城生态经济发展中心牛头二村马同济院内，东经118° 71'，北纬37° 04'。树高8 m，胸围192 cm，东西冠幅12 m、南北冠幅12 m，平均冠幅12 m。树干通直，树皮灰褐色。有两分枝：一枝向东北斜上生长；一枝向西南斜上生长。树冠近似圆形，生长茂盛。

37078300165国槐

国槐 *Sophora japonica* L.，豆科，槐属。树龄100余年。

现位于双王城生态经济发展中心牛头二村村委会东50m南侧空地，东经118° 71'，北纬37° 04'。树高5 m，胸围190 cm，东西冠幅9 m、南北冠幅7 m，平均冠幅8 m。树干通直，树皮深褐色，树干南侧分枝点处有椭圆形空洞。有三分枝：第一分枝向东南斜上生长，已干枯，在离基部1.5 m处断裂，留有残桩；第二分枝向东北斜上生长，枝头已断；第三分枝向北斜上生长，该枝生长旺盛。树冠整体偏向西北。

37078300166国槐

国槐 *Sophora japonica* L.，豆科，槐属。树龄约140年。

现位于双王城生态经济发展中心李家坞村徐守福老宅院内，东经118° 69'，北纬37° 12'。树高11 m，胸围225 cm，东西冠幅15 m、南北冠幅15 m，平均冠幅15 m。树干向东倾斜，树皮深褐色。有三大分枝：第一分枝向东斜上生长；第二分枝向西北方向斜上生长；第三分枝向西南方向斜上生长，该分枝在离基部1 m处折断，留有残桩。

附 录

附录一

山东省古树名木保护办法

（2018年4月26日山东省人民政府令第316号公布　自2018年7月1日起施行）

第一条　为了加强古树名木保护，提升历史文化传承能力，促进生态文明建设，根据《中华人民共和国森林法》和《城市绿化条例》等法律、法规，结合本省实际，制定本办法。

第二条　本省行政区域内古树名木的认定、养护及其监督管理活动，适用本办法。

本办法所称古树，是指树龄在100年以上的树木。

本办法所称名木，是指珍贵、稀有或者具有重要历史、文化、科学研究价值和纪念意义的树木。

第三条　古树名木实行属地管理、分级保护，坚持政府主导与社会参与相结合、定期养护与日常养护相结合的原则。

第四条　县级以上人民政府应当加强古树名木的保护管理工作，组织协调宣传普及保护知识，增强公众保护意识，鼓励和支持古树名木保护的科学研究和推广应用。

古树名木保护所需经费列入政府财政预算。

第五条　县级以上人民政府林业、城市绿化主管部门(以下统称古树名木主管部门)按照本级人民政府规定的职责权限，负责本行政区域内古树名木的保护管理工作。

县级以上人民政府财政、国土资源、环境保护、文物管理等部门按照各自职责，做好古树名木保护管理的相关工作。

第六条 县级以上人民政府古树名木主管部门应当定期对本行政区域内的古树名木资源进行普查，核实认定，登记造册，统一编号，建立古树名木图文档案和电子信息数据库。

单位和个人向古树名木主管部门报告古树名木资源信息的，古树名木主管部门应当及时予以核实登记。

第七条 古树名木按照下列规定实行分级认定、保护：

(一)名木和树龄在500年以上的古树，实行一级保护，由县级人民政府古树名木主管部门组织认定，逐级上报经省人民政府古树名木主管部门审核后报省人民政府确认公布；

(二)树龄300年以上不满500年的古树，实行二级保护，由县级人民政府古树名木主管部门组织认定，经设区的市古树名木主管部门审核后报设区的市人民政府确认公布；

(三)树龄100年以上不满300年的古树，实行三级保护，由县级人民政府古树名木主管部门组织认定后报本级人民政府确认公布。

第八条 对古树名木的认定有异议的，应当向设区的市人民政府古树名木主管部门申请复核。设区的市人民政府古树名木主管部门应当组织专家重新认定。

第九条 古树名木认定公布后，应当划定保护范围。保护范围由县级人民政府古树名木主管部门按照下列规定划定：

(一)名木和一级保护的古树，保护范围不小于树冠垂直投影外3米；

(二)二级保护的古树，保护范围不小于树冠垂直投影外2米；

(三)三级保护的古树，保护范围不小于树冠垂直投影外1米。

在城市规划区和其他特殊区域内的古树名木，其保护范围可以根据实际情况另行划定。

第十条 县级人民政府古树名木主管部门应当设置保护标志和必要的保护设施。

任何单位和个人不得擅自移动或者损毁古树名木保护标志和保护设施。

第十一条 县级人民政府古树名木主管部门按照下列规定，确定古树名木的养护单位或者个人(以下统称养护人)：

(一)在机关、团体、企业事业单位等用地范围内的古树名木，所在单位为养护人；

(二)在铁路、公路、江河堤坝和水库湖渠用地范围内的古树名木，铁路、公路和水利设施的管理单位为养护人；

(三)在自然保护区、风景名胜区、旅游度假区、森林公园、地质公园、国有林场用地范围内的古树名木，该园区的管理单位为养护人；

(四)在文物保护单位、宗教活动场所等用地范围内的古树名木，所在单位为养护人；

(五)在园林绿化管理部门管理的公共绿地、公园、城市道路以及其他公共用地范围内的古树名木，城市园林绿化管理单位为养护人；

(六)在其他区域的古树名木，由县级人民政府古树名木主管部门按照所有权关系和管理职责协调所在地村民委员会、居民委员会确定养护人。

第十二条 鼓励社会力量捐资保护、认养古树名木。根据保护级别、捐资数额、地理位置等情况，可以约定捐资人、认养人在一定期限内署名、冠名并进行相应宣传。

第十三条 县级以上人民政府古树名木主管部门应当建立古树名木养护激励机制。

县级人民政府古树名木主管部门应当根据保护级别、生长环境、养护现状等实际情况，与养护人签订养护协议，明确养护责任、养护要求、奖惩措施等事项，并给予养护人适当补助。

第十四条 省人民政府古树名木主管部门应当按照分级保护的要求制定古树名木养护技术规范，对土壤改良、灌溉排水、有害生物防治、防腐与树洞处理、抢救复壮以及保护设施建设等作出统一规定，并向社会公布。

第十五条 养护人应当按照养护技术规范以及养护协议的规定，对古树名木进行日常养护，保障古树名木正常生长。

养护人发现古树名木遭受有害生物危害或者人为、自然损害，生长势出现明显衰弱、濒危等情况的，应当及时报告县级人民政府古树名木主管部门。

第十六条 县级人民政府古树名木主管部门应当加强古树名木养护知识的宣传和培训，对养护人提供技术指导和服务，定期组织对古树名木进行巡视检查。

巡视检查中发现古树名木遭受损害、生长异常等情况，或者接到相关报告后，应当及时采取相应治理措施或者组织专业技术人员实施抢救复壮。

第十七条 禁止下列损害古树名木的行为：

(一)砍伐或者擅自迁移；

(二)在古树名木保护范围内新建扩建建筑物或者构筑物、非通透性硬化地面、挖坑取土、动用明火、堆放和倾倒有毒有害物品；

(三)刻划、钉钉、剥皮挖根、攀树折枝、悬挂重物；

(四)其他损害古树名木正常生长的行为。

第十八条 因公共事业和基础设施建设项目确需在古树名木保护范围内进行建设施工的，建设单位应当在施工前制定古树名木保护方案，并报县级人民政府古树名木主管部门备案。古树名木主管部门应当对保护方案的制定和落实进行指导、监督。

因建设施工对古树名木生长造成损害的，建设单位应当承担相应的复壮、养护费用。

第十九条 有下列情形之一的，可以对古树名木进行迁移，实行异地保护：

(一)原生长环境不适宜古树名木继续生长，可能导致古树名木死亡的；

(二)古树名木的生长可能对公众生命、财产安全造成危害，无法采取防护措施消除隐患的；

(三)因国家和省重点建设项目建设，确实无法避让的；

(四)法律、法规规定的其他情形。

迁移古树名木应当制定迁移方案，落实迁移和复壮、养护费用，并依法办理审批手续。

第二十条 古树名木死亡的，养护人应当及时报告县级人民政府古树名木主管部门。古树名木主管部门应当在接到报告后10个工作日内组织人员进行核实，并查明原因；确认已死亡的，应当按照原审核程序报上级古树名木主管部门备案。

已死亡的古树名木具有重要景观、文化、科研价值的，可以采取相应处理措施后予以保留。确需砍伐的，应当依法办理审批手续。

第二十一条 县级以上人民政府古树名木主管部门组织实施古树名木保护措施，影响单位和个人生产、生活并造成直接经济损失的，应当给予相应补偿。

第二十二条 违反本办法规定的行为，法律、法规已规定法律责任的，从其规定；法律、法规未规定法律责任的，依照本办法的规定执行。

第二十三条 违反本办法规定，擅自移动或者损毁古树名木保护标志和保护设施的，由县级以上人民政府古树名木主管部门责令改正，可以处200元以上500元以下的罚款；情节严重的，处500元以上2000元以下的罚款。

第二十四条 违反本办法规定，在古树名木保护范围内新建扩建建筑物或者构筑物、非通透性硬化地面、挖坑取土、动用明火、堆放和倾倒有毒有害物品的，由县级以上人民政府古树名木主管部门责令改正，可以处500元以上2000元以下的罚款；情节严重的，处2000元以上1万元以下的罚款。

第二十五条 违反本办法规定，在古树名木上刻划、钉钉、剥皮挖根、攀树折枝、悬挂重物，或者有其他损害古树名木正常生长行为的，由县级以上人民政府古树名木主管部门责令改正，可以处500元以上2000元以下的罚款；情节严重的，处2000元以上1万元以下的罚款。

第二十六条 违反本办法规定，建设单位未在施工前制定古树名木保护方案，或者未按照古树名木保护方案施工的，由县级以上人民政府古树名木主管部门责令改正，可以处1万元以上3万元以下的罚款。

第二十七条 违反本办法规定的行为，造成古树名木损害的，依法承担赔偿责任；构成犯罪的，依法追究刑事责任。

第二十八条 县级以上人民政府古树名木主管部门和其他有关部门违反本办法规定，有下列情形之一，对直接负责的主管人员和其他直接责任人员依法给予处分：

(一)未按照规定认定古树名木的；

(二)未依法履行古树名木保护与监督管理职责的；

(三)违法批准迁移古树名木的；

(四)其他滥用职权、徇私舞弊、玩忽职守行为的。

第二十九条 本办法自2018年7月1日起施行。

附录二

山东省自然资源厅　山东省住房和城乡建设厅关于公布山东省一级保护古树名木名录的通知

（鲁自然资发〔2022〕10号）

各市人民政府，各县（市、区）人民政府，省政府各部门、各直属机构：

为深入贯彻落实习近平生态文明思想，加强古树名木保护，提升历史文化传承能力，根据《山东省古树名木保护办法》，省自然资源厅、省住房城乡建设厅联合组织开展了一级保护古树名木的认定审核工作，经省政府同意，现予以公布。

一、全省审核确认一级保护古树名木 1449 株，由省绿化委员会办公室统一制作标牌，标注“山东省人民政府监制”，分发各地组织实施悬挂。

二、全省一级保护古树名木实行目录管理，根据情况变化进行动态调整。

三、各市、县（市、区）政府和各古树名木养护人要以习近平生态文明思想为指导，进一步加强古树名木保护，全面落实属地责任和养护主体责任，切实采取有效措施，确保古树名木各项保护措施落实到位。要强化宣传，注重弘扬古树文化，提高全民古树保护意识，引导全社会共同关注和保护古树名木。

附件：山东省一级保护古树名木名录

山东省自然资源厅　　　　山东省住房和城乡建设厅

2022 年 12 月 1 日

山东省一级保护古树名木名录（节选）

序号	市	县（市、区）	挂牌编号	树种	估测树龄（年）	树高（米）	胸（地）围（厘米）	冠幅（米）	具体生长位置	管护责任人	类别确认
448	潍坊市	青州市	37078100035	槐	500	12.0	419	17	王府街道吴井村小广场	夏明业	古树
449	潍坊市	青州市	37078100036	槐	600	8.0	441	9	王府街道西刘家村	刘传奎	古树
450	潍坊市	青州市	37078100037	槐	800	12.0	456	14	王府街道西刘家村	刘传奎	古树
451	潍坊市	青州市	37078100038	侧柏	700	9.0	320	6	王府街道偶园佳山堂	青州古城管理委员会	古树
452	潍坊市	青州市	37078100039	槐	1000	9.0	460	9	王府街道偶园街老槐树	青州古城管理委员会	古树
453	潍坊市	青州市	37078100040	槐	700	8.0	502	10	弥河镇大张冀村	刘春升	古树
454	潍坊市	青州市	37078100041	槐	500	6.0	471	7	弥河镇前崖头村	弥河镇前崖头村村民委员会	古树
455	潍坊市	青州市	37078100042	槐	900	9.0	644	11	弥河镇上院村	马光辉	古树
456	潍坊市	青州市	37078100043	槐	700	7.0	584	13	弥河镇老庄村	王世锋	古树
457	潍坊市	诸城市	37078200001	银杏	500	24.0	650	20	桃林镇马莲口村	桃林镇马莲口村村民委员会	古树
458	潍坊市	诸城市	37078200002	银杏	600	22.0	750	21	林家村镇青云村	林家村镇青云村村民委员会	古树
459	潍坊市	诸城市	37078200003	槐	600	10.0	676	11	贾悦镇孟家屯村	贾悦镇孟家屯村村民委员会	古树
460	潍坊市	诸城市	37078200004	银杏	1000	28.0	1120	23	皇华镇寿塔村	皇华镇寿塔村村民委员会	古树
461	潍坊市	诸城市	37078200005	黄连木	500	23.0	436	26	林家村镇瓦店村	林家村镇瓦店村村民委员会	古树
462	潍坊市	寿光市	37078300001	槐	1000	10.8	357	8	槐香园公园	寿光市园林建设集团	古树
463	潍坊市	寿光市	37078300002	槐	500	18.0	420	13	文家街道王端宇村	文家街道王端宇村村民委员会	古树
464	潍坊市	寿光市	37078300003	银杏	600	30.0	500	30	孙家集街道张家寨子村银杏公园	孙家集街道张家寨子村村民委员会	古树
465	潍坊市	寿光市	37078300004	槐	600	12.0	465	11	孙家集街道胡营二村	孙家集街道胡营二村村民委员会	古树
466	潍坊市	寿光市	37078300005	槐	500	10.0	425	12	化龙镇三合村	化龙镇三合村村民委员会	古树
467	潍坊市	寿光市	37078300006	枣	600	8.0	273	9	洛城街道留吕村	洛城街道留吕村村民委员会	古树
468	潍坊市	安丘市	37078400001	银杏	2000	30.0	628	28	石埠子镇孟家旺村公冶长书院	石埠子镇孟家旺村村民委员会	古树
469	潍坊市	安丘市	37078400002	银杏	2000	30.0	628	28	石埠子镇孟家旺村公冶长书院	石埠子镇孟家旺村村民委员会	古树

附录三

潍坊市人民政府
关于公布二级保护古树名录的通知

（潍政字〔2023〕17号）

各县市区人民政府，市属各开发区管委会，市政府各部门、单位，各重点企业，各高等院校，各人民团体：

为深入贯彻习近平生态文明思想，进一步加强古树名木保护与管理，根据《山东省古树名木保护办法》有关要求，我市组织开展了二级保护古树调查认定工作，共认定二级保护古树356株，现予公布。

一、实行古树挂牌保护。市绿化委员会办公室统一制作标牌，标注“潍坊市人民政府二〇二三年监制”，分发各县市区、市属开发区绿化委员会办公室组织悬挂。

二、实施古树动态管理。建立“一树一档”数据库和“一数一码”管理系统，并根据古树生长状况及树龄等变化情况，对名录进行动态调整。

三、严格落实管护责任。压紧压实属地责任和管护主体责任，实施“一树一策”复壮保护措施，确保古树保护各项措施落实到位。

四、广泛开展宣传动员。加强宣传引导，完善协作机制，动员社会公众参与古树保护，提高全民古树保护意识，实现人与自然的和谐共生，营造全员参与良好氛围。

附件：潍坊市二级保护古树名录

潍坊市人民政府

2023年4月12日

潍坊市二级保护古树名录（节选）

序号	县市区	古树编号	树种	估测树龄	树高（米）	胸（地）围（厘米）	冠幅（米）	具体生长位置	管护责任人
138	诸城市	37078200007	银杏	约450年	25.6	600	17.06	皇华镇相家沟村东	村委
139	诸城市	37078200008	银杏	约300年	23.6	396	19.85	相州镇相州六村	村委
140	寿光市	37078300007	国槐	约400年	20	390	15	圣城街道南胡村南北街	南胡村委
141	寿光市	37078300008	国槐	约350年	10	360	12	文家街道南马店村南北街北首	南马店村委
142	寿光市	37078300009	国槐	约400年	15	390	11	文家街道南潘曲村西北空地胡兴德家南侧	南潘曲村委
143	寿光市	37078300010	国槐	约400年	10	410	13	孙家集街道贾家村东西街路北	贾家村委
144	寿光市	37078300011	国槐	约350年	12	360	12	田柳镇北王里村小学院内	北王里村委
145	寿光市	37078300012	国槐	约300年	18	355	13	纪台镇青龙孙村东西街南北巷	青龙孙村委
146	寿光市	37078300013	国槐	约400年	14.5	400	16	上口镇后牟邵村东西街与南北街交叉口	后牟邵村委
147	寿光市	37078300014	国槐	约350年	11	380	10	稻田镇宋家稻庄宋四村东西巷	宋家稻庄宋四村委
148	寿光市	37078300015	国槐	约350年	8	360	5	洛城街道丁家店子村东西街高台子上	丁家店子村委
149	寿光市	37078300016	国槐	约350年	8	360	14	洛城街道东高湛村南北街北首	东高湛村委
150	寿光市	37078300017	国槐	约400年	17	460	16	古城街道桑家官庄村东西街	桑家官庄村委
151	寿光市	37078300018	国槐	约400年	12	396	14	田柳镇常家庄村小学后广场	常家庄村委

附录四

寿光市人民政府
关于公布三级保护古树名录的通知

（寿政发〔2023〕17号）

各镇人民政府、街道办事处，高新区管委会，双王城生态经济发展中心，各部门、单位：

为深入贯彻习近平生态文明思想，进一步加强古树名木保护与管理，根据《山东省古树名木保护办法》有关要求，寿光市组织开展了三级保护古树调查认定工作，共认定三级保护古树148株，现予公布。

一、实行古树挂牌保护。寿光市绿化委员会办公室统一制作标牌，标注“寿光市人民政府二〇二三年监制”，分发各镇街、单位组织实施悬挂。

二、实施古树动态管理。建立“一树一档”数据库和“一树一码”管理系统，根据古树生长状况及树龄等变化情况，对名录进行动态调整。

三、严格落实管护责任。将古树名木保护纳入林长制工作内容，压紧压实属地责任和管护主体责任，实施“一树一策”复壮保护措施，确保古树保护各项措施落实到位。

四、广泛开展宣传动员。加强宣传引导，完善协作机制，动员社会公众参与古树保护，提高全民保护古树名木意识，实现人与自然的和谐共生，营造全员参与良好氛围。

附件：寿光市三级保护古树名录

寿光市人民政府

2023 年 9 月 18 日

寿光市三级保护古树名录

序号	古树编号	树种	估测树龄	树高	胸（地）围（厘米）	冠幅（米）	具体生长位置	管护责任人	类别确认
1	37078300019	槐	约 220 年	7	210	7	圣城街道田家村农圣街南侧绿化带内	田家村委	古树
2	37078300020	槐	约 140 年	9	230	8	圣城街道文博小学院内东北角	文博小学	古树
3	37078300021	槐	约 200 年	12	280	12	圣城街道北坦村健康街路北侧	北坦村委	古树
4	37078300022	槐	约 140 年	10	240	10	圣城街道南马范村小区南侧	南马范村委	古树
5	37078300023	槐	约 180 年	12	260	11	圣城街道金融小区院内	金融小区物业	古树
6	37078300024	槐	约 100 年	13	200	11	圣城街道温泉小区院内	温泉小区物业	古树
7	37078300025	槐	约 220 年	11	300	12	圣城街道墨龙石油机械厂门口西侧	墨龙集团	古树
8	37078300026	槐	约 200 年	11	280	13	圣城街道墨龙石油机械厂门口东侧	墨龙集团	古树
9	37078300027	槐	约 180 年	7	270	5	圣城街道金马寨村圣阳路南侧	金马寨村委	古树
10	37078300028	槐	约 180 年	10	260	13	圣城街道崔家老庄村小学院内	崔家老庄村委	古树

续表

序号	古树编号	树种	估测树龄	树高	胸（地）围（厘米）	冠幅（米）	具体生长位置	管护责任人	类别确认
11	37078300029	槐	约 220 年	6	300	12	圣城街道崔家老庄村东西街北侧	崔家老庄村委	古树
12	37078300030	侧柏	约 140 年	12	115	5	圣城街道南胡村卫生室南侧	南胡村委	古树
13	37078300031	侧柏	约 120 年	7	100	6	圣城街道南胡村卫生室南侧	南胡村委	古树
14	37078300032	槐	约 200 年	12	230	8	圣城街道燕家村南北街路东花坛内最南侧一棵	燕家村委	古树
15	37078300033	槐	约 200 年	12	280	12	圣城街道燕家村南北街路东花坛内中间的一棵	燕家村委	古树
16	37078300034	槐	约 200 年	12	180	7	圣城街道燕家村南北街路东花坛内最北侧一棵	燕家村委	古树
17	37078300035	槐	约 120 年	13	210	10	圣城街道北关村健康街南侧空地	北关村委	古树
18	37078300036	槐	约 200 年	7	290	8	圣城街道后朴新村 10 号楼南侧	后朴村委	古树
19	37078300037	槐	约 200 年	8	280	11	圣城街道岳家村东西街南侧	岳家村委	古树
20	37078300038	槐	约 160 年	9	245	8	圣城街道岳家村南北街路西	岳家村委	古树
21	37078300039	槐	约 200 年	8	290	8	圣城街道岳家村南北街路西张永升院内	张永升	古树

续表

序号	古树编号	树种	估测树龄	树高	胸（地）围（厘米）	冠幅（米）	具体生长位置	管护责任人	类别确认
22	37078300040	槐	约 180 年	13	270	15	圣城街道李家仕庄村旧址村碑旁	李家仕庄村委	古树
23	37078300041	槐	约 100 年	13	180	13	圣城街道温泉小区院内	温泉小区物业	古树
24	37078300042	槐	约 180 年	10	260	13	文家街道桑家庄村南北街东侧活动广场	桑家庄村委	古树
25	37078300043	槐	约 240 年	12	320	18	文家街道刘家庄子村东西街南侧	刘家庄子村委	古树
26	37078300044	槐	约 120 年	12	210	6	文家街道文家新村门口西侧	文家村村委	古树
27	37078300045	槐	约 160 年	18	250	11	文家街道文家新村门口东侧	文家村村委	古树
28	37078300046	槐	约 160 年	13	255	12	文家街道吕家村吕延顺院内	吕延顺	古树
29	37078300047	文冠果	约 140 年	5	100	6	文家街道北付村李义君院内	李义君	古树
30	37078300048	槐	约 200 年	10	290	11	文家街道北付村李义君院内	李义君	古树
31	37078300049	紫藤	约 140 年	3	丛生	8	洛城街道清河熙华园小区 6 号楼后	熙华园物业	古树
32	37078300050	槐	约 160 年	14	252	12	洛城街道洛中村洛兴街北侧	洛中村委	古树
33	37078300051	槐	约 200 年	12	279	11	洛城街道留吕村南北街北头	留吕村委	古树

续表

序号	古树编号	树种	估测树龄	树高	胸（地）围（厘米）	冠幅（米）	具体生长位置	管护责任人	类别确认
34	37078300052	槐	约 140 年	7	240	11	洛城街道北城西村东西街中间	北城西村委	古树
35	37078300053	槐	约 120 年	7	210	5	洛城街道洛西村清河熙华园东门北侧	洛西村委	古树
36	37078300054	槐	约 220 年	12	240	14	古城街道曹家村曹家村委院内	曹家村委	古树
37	37078300055	槐	约 200 年	9	290	12	古城街道北洛村东西街东头	北洛村委	古树
38	37078300056	槐	约 200 年	11	280	10	古城街道戴家村村碑十字路口东侧	戴家村委	古树
39	37078300057	槐	约 180 年	11	260	12	古城街道戴家村碑十字路口东路北侧	戴家村委	古树
40	37078300058	槐	约 120 年	10	220	7	古城街道戴家村碑十字路口西 20 米北侧院内	戴家村委	古树
41	37078300059	侧柏	约 140 年	8	116	6	古城街道戴家村碑十字路口东 200 米北侧大棚旁	戴家村委	古树
42	37078300060	侧柏	约 140 年	8	116	8	古城街道戴家村碑十字路口东 200 米北侧大棚旁	戴家村委	古树
43	37078300061	槐	约 100 年	10	190	11	古城街道王家庄村旧址	王家庄村委	古树
44	37078300062	槐	约 140 年	11	240	12	古城街道野虎村东西街	野虎村委	古树
45	37078300063	槐	约 120 年	10	215	10	古城街道杨家庄村东西街南侧	杨家庄村委	古树

续表

序号	古树编号	树种	估测树龄	树高	胸（地）围（厘米）	冠幅（米）	具体生长位置	管护责任人	类别确认
46	37078300064	槐	约 160 年	12	245	15	古城街道顶盖村东西街与南北巷北 60 米	顶盖村委	古树
47	37078300065	槐	约 200 年	9.2	251	7	孙家集街道迈翔集团院内	迈翔集团	古树
48	37078300066	槐	约 200 年	13	279	15	孙家集街道前王村孙在义老宅院内	孙在义	古树
49	37078300067	皂角	约 280 年	16	280	20	孙家集街道汤家庄村村委院内	汤家庄村委	古树
50	37078300068	槐	约 200 年	13	292	9	孙家集街道二甲村中心街路东朱明升院内	朱明升	古树
51	37078300069	枣树	约 100 年	10	119	9	孙家集街道边线王村西北角	边线王村委	古树
52	37078300070	槐	约 100 年	12	200	8	孙家集街道潘家村杨金波院内	杨金波	古树
53	37078300071	槐	约 140 年	11	240	13	孙家集街道潘家村东西街南侧	潘家村委	古树
54	37078300072	槐	约 200 年	11	280	10	孙家集街道潘家村东西街西头	潘家村委	古树
55	37078300073	槐	约 200 年	12	290	14	孙家集街道西彦方村西北角空地内	西彦方村委	古树
56	37078300074	槐	约 100 年	12	200	10	孙家集街道胡营二村刘宗尧院内	刘宗尧	古树
57	37078300075	槐	约 120 年	10	220	9	孙家集街道胡营二村南北街东侧	胡营二村村委	古树

续表

序号	古树编号	树种	估测树龄	树高	胸（地）围（厘米）	冠幅（米）	具体生长位置	管护责任人	类别确认
58	37078300076	槐	约 120 年	11	220	9	孙家集街道另宋台村南北街西侧	另宋台村委	古树
59	37078300077	槐	约 100 年	12	200	8	孙家集街道泽科村村西南角	泽科村委	古树
60	37078300078	槐	约 120 年	12	220	9	孙家集街道泽科村西南侧空地	泽科村委	古树
61	37078300079	槐	约 100 年	10	203	10	孙家集街道孙家集村东西街东头	孙家集村委	古树
62	37078300080	槐	约 120 年	12	210	9	稻田镇小南韩村东西街东头	小南韩村委	古树
63	37078300081	槐	约 200 年	11	280	12	侯镇挑沟村村西南朱培武空宅院内	朱培武	古树
64	37078300082	槐	约 140 年	10	220	12	侯镇李家官庄村东西街后街	李家官庄村委	古树
65	37078300083	槐	约 200 年	11	290	11	侯镇王家巷村旧址村碑旁	王家巷村委	古树
66	37078300084	槐	约 200 年	10	290	14	侯镇李家河东村村委西侧	李家河东村委	古树
67	37078300085	槐	约 180 年	9	269	12	侯镇王家辛章村村东韩应祥院前	王家辛章村委	古树
68	37078300086	槐	约 100 年	8	180	9	侯镇大地沟村南北路北头路东侧	大地沟村委	古树
69	37078300087	槐	约 100 年	6	200	7	侯镇大地沟村南北路中间路西	大地沟村委	古树
70	37078300088	槐	约 120 年	12	220	10	侯镇大地沟村于爱春院内	于爱春	古树

续表

序号	古树编号	树种	估测树龄	树高	胸（地）围（厘米）	冠幅（米）	具体生长位置	管护责任人	类别确认
71	37078300089	槐	约 180 年	8	270	9	侯镇东河南村南北街路东	东河南村委	古树
72	37078300090	槐	约 220 年	12	300	8	侯镇东河南村南北路西 30 米	东河南村委	古树
73	37078300091	槐	约 100 年	9	200	11	侯镇侯一村方言明院前	侯一村委	古树
74	37078300092	槐	约 140 年	12	230	14	侯镇大道村最东边南北路东 20 米	大道村委	古树
75	37078300093	槐	约 220 年	10	239	11	纪台镇殷家村东西街东头	殷家村委	古树
76	37078300094	槐	约 220 年	12	300	10	纪台镇青龙孙村东西街路南	青龙孙村委	古树
77	37078300095	槐	约 140 年	16	235	11	纪台镇青龙孙村南北街路东	青龙孙村委	古树
78	37078300096	槐	约 120 年	7	200	8	纪台镇孟家村孟庆纯门前	孟家村委	古树
79	37078300097	槐	约 160 年	8	260	8	纪台镇李家官庄原址	李家官庄村委	古树
80	37078300098	槐	约 100 年	11	190	11	纪台镇吕家一村南北街与东西街交叉口西	吕家一村村委	古树
81	37078300099	槐	约 140 年	12	230	12	纪台镇吕家一村南北街与东西街交叉口西	吕家一村村委	古树
82	37078300100	槐	约 180 年	11	270	11	纪台镇后曹村南北街路中间	后曹村委	古树

续表

序号	古树编号	树种	估测树龄	树高	胸（地）围（厘米）	冠幅（米）	具体生长位置	管护责任人	类别确认
83	37078300101	槐	约 140 年	10	240	10	纪台镇远水村村东南空院内	远水村委	古树
84	37078300102	槐	约 100 年	10	180	12	纪台镇房家村东西街中央	房家村委	古树
85	37078300103	槐	约 100 年	9	130	13	纪台镇纪西村孟令秋院前	纪西村委	古树
86	37078300104	槐	约 100 年	11	180	12	纪台镇吕家一村东西主街南侧	吕家一村村委	古树
87	37078300105	槐	约 260 年	15.5	335	15	化龙镇辛店村村委西	辛店村委	古树
88	37078300106	槐	约 220 年	10	305	15	化龙镇贾家村东西街中段路北侧空院	贾家村委	古树
89	37078300107	槐	约 120 年	10	222	12	化龙镇贾家村贾庆年儿子院内	贾庆年	古树
90	37078300108	槐	约 100 年	12	195	9	化龙镇贾家村村北东西街中段贾众林空院内	贾众林	古树
91	37078300109	槐	约 120 年	8	220	12	化龙镇埠西一村东西街中段	埠西一村委	古树
92	37078300110	槐	约 100 年	10	195	10	化龙镇丰城二村东西街东头南侧	丰城二村委	古树
93	37078300111	槐	约 100 年	9	187	10	化龙镇丰城二村南北路东侧	丰城二村委	古树
94	37078300112	槐	约 160 年	12	260	12	化龙镇丰城二村南北路东侧空地	丰城二村委	古树

续表

序号	古树编号	树种	估测树龄	树高	胸（地）围（厘米）	冠幅（米）	具体生长位置	管护责任人	类别确认
95	37078300113	槐	约 100 年	8	200	10	化龙镇辛店村东西街中间路段北侧	辛店村委	古树
96	37078300114	槐	约 120 年	12	206	17	化龙镇辛店村南北街中段王春田院前	辛店村委	古树
97	37078300115	槐	约 160 年	8	260	13	化龙镇辛店西村张万财院内	张万财	古树
98	37078300116	槐	约 140 年	10	235	9	化龙镇三合村东西街路北	三合村委	古树
99	37078300117	枣树	约 140 年	10	155	7	化龙镇三合村东西街广场北侧	三合村委	古树
100	37078300118	槐	约 100 年	12	190	9	化龙镇蔺家庄村蔺元春院内	蔺元春	古树
101	37078300119	槐	约 120 年	7	220	9	化龙镇裴家岭村村碑西旧址	裴家岭村委	古树
102	37078300120	槐	约 140 年	7	225	12	化龙镇务本村村南东西街与南北巷交叉口	务本村委	古树
103	37078300121	槐	约 100 年	11	200	10	化龙镇魏家村村委前	魏家村委	古树
104	37078300122	槐	约 200 年	18	290	16	化龙镇鲍家村鲍义云院内	鲍义云	古树
105	37078300123	槐	约 220 年	7	295	8	上口镇东堤村后街与南北街交叉口	东堤村委	古树
106	37078300124	槐	约 200 年	10	280	16	上口镇后牟邵村东西街与南北街交叉口西	后牟邵村委	古树

续表

序号	古树编号	树种	估测树龄	树高	胸（地）围（厘米）	冠幅（米）	具体生长位置	管护责任人	类别确认
107	37078300125	槐	约 140 年	11	220	12	上口镇河疃村后街东西街	河疃村委	古树
108	37078300126	槐	约 180 年	6	270	11	上口镇兴旺庄村南北路中间路西侧	兴旺庄村委	古树
109	37078300127	槐	约 140 年	8	240	13	上口镇兴旺庄村南北路北头路西	兴旺庄村委	古树
110	37078300128	槐	约 140 年	18	220	12	田柳镇田柳村村东南南北巷	田柳村委	古树
111	37078300129	槐	约 160 年	12	260	15	田柳镇北王里村原小学院内	北王里村委	古树
112	37078300130	槐	约 200 年	8	170	11	田柳镇阎家庄子村西北角空地	阎家庄子村委	古树
113	37078300131	枣树	约 120 年	8	140	7	田柳镇邢姚一村银行西第二条南北路南 50 米路西	邢姚一村委	古树
114	37078300132	枣树	约 120 年	8	140	6	田柳镇邢姚一村银行西第二条南北路南 50 米路西	邢姚一村委	古树
115	37078300133	槐	约 140 年	12	226	12	田柳镇常家庄村村东北常传龙院内	常传龙	古树
116	37078300134	槐	约 160 年	12	253	16	田柳镇芦家庄村东南空地	芦家庄村委	古树
117	37078300135	槐	约 220 年	10	300	14	田柳镇崔家庄村村东北角东西小巷	崔家庄村委	古树
118	37078300136	槐	约 140 年	6	177	8	田柳镇崔家庄村村东南北街北头	崔家庄村委	古树

续表

序号	古树编号	树种	估测树龄	树高	胸（地）围（厘米）	冠幅（米）	具体生长位置	管护责任人	类别确认
119	37078300137	槐	约 140 年	9	240	14	田柳镇崔家庄村东西街西头	崔家庄村委	古树
120	37078300138	槐	约 100 年	10	192	14	田柳镇西兴王村东西街	西兴王村委	古树
121	37078300139	槐	约 200 年	17	290	13	田柳镇西王高村张信基院内	张信基	古树
122	37078300140	槐	约 160 年	12	255	14	田柳镇田柳村村委西南北街中段	田柳村委	古树
123	37078300141	槐	约 220 年	15	305	18	营里镇南单村东西街西头	南单村委	古树
124	37078300142	槐	约 200 年	12	285	11	营里镇九曲村南北路东侧	九曲村委	古树
125	37078300143	槐	约 240 年	7	290	11	营里镇东中疃村村东南	东中疃村委	古树
126	37078300144	槐	约 220 年	10	299	12	营里镇北单村东西街南侧	北单村委	古树
127	37078300145	槐	约 160 年	13	251	11	营里镇北单村银行西南北巷	北单村委	古树
128	37078300146	槐	约 120 年	10.5	218	11	营里镇王家圈子村村旧址	王家圈子村委	古树
129	37078300147	槐	约 140 年	11	225	9	营里镇北单村单悌顺院内	单悌顺	古树
130	37078300148	槐	约 140 年	11	240	13	营里镇西北河村村东头南北路东侧	西北河村委	古树

续表

序号	古树编号	树种	估测树龄	树高	胸（地）围（厘米）	冠幅（米）	具体生长位置	管护责任人	类别确认
131	37078300149	槐	约 160 年	9	255	9	营里镇郝家柳杭村郝桂松空院	郝桂松	古树
132	37078300150	槐	约 140 年	12	230	12	营里镇东中疃村村东南水库西侧空院	东中疃村委	古树
133	37078300151	槐	约 200 年	11	280	11	营里镇周家村村东南北路与东西街交汇处	周家村委	古树
134	37078300152	槐	约 100 年	10	185	10	营里镇北单村东西街西头南侧	北单村委	古树
135	37078300153	槐	约 100 年	10	180	11	营里镇北南河村王照贤院内	王照贤	古树
136	37078300154	槐	约 220 年	13	300	11	台头镇三座楼村刘松龄院内	刘松龄	古树
137	37078300155	槐	约 260 年	7	335	9	台头镇三座楼村村委以西南北路中间	三座楼村委	古树
138	37078300156	枣树	约 120 年	7.5	111	11	台头镇三座楼村村西空闲地	三座楼村委	古树
139	37078300157	槐	约 140 年	12	227	12	台头镇北蔺家村南北街中段	北蔺家村委	古树
140	37078300158	槐	约 140 年	10	240	9	台头镇李王村东西街西头	李王村委	古树
141	37078300159	槐	约 100 年	13	195	12	台头镇南台头村东西街与南北巷褚伟家对面	南台头村委	古树
142	37078300160	槐	约 180 年	10	263	12	台头镇后赵埠村郝俊杰院内	郝俊杰	古树

续表

序号	古树编号	树种	估测树龄	树高	胸（地）围（厘米）	冠幅（米）	具体生长位置	管护责任人	类别确认
143	37078300161	槐	约 100 年	7	200	11	台头镇三益村东西街中间	三益村委	古树
144	37078300162	槐	约 160 年	9	250	7	台头镇一座楼村王重庆空院内	王重庆	古树
145	37078300163	槐	约 120 年	8	210	7	台头镇三座楼村刘松成院内	刘松成	古树
146	37078300164	槐	约 100 年	8	192	12	双王城生态经济发展中心牛头二村马同济院内	马同济	古树
147	37078300165	槐	约 100 年	5	190	8	双王城生态经济发展中心村委东 50 米南侧空场	牛头二村委	古树
148	37078300166	槐	约 140 年	11	225	15	双王城生态经济发展中心李家坞村徐守福老宅院内	徐守福	古树